新しい農業経済論

マクロ・ミクロ経済学とその応用
〔新版〕

山口三十四・衣笠智子・中川雅嗣　著

有斐閣ブックス

新版 はしがき

　早いもので，初版刊行から 25 年余りも経過した。初版刊行時は，円高，農産物輸入攻勢で，国際金融の研究が必要にもかかわらず，農業経済学者は国際金融や国際経済等の理論や応用に疎く，これらによる説明は，本書以外に皆無であった。そこで，本書はこの点に焦点を当て，『新しい農業経済論』と「新しい」を入れて，命名した。その後現在に至るまでの間に，初版で書いた日本農業の状況や基本方向の記述（農業の特殊性，農業政策の課題等や世界の流れと農業を扱う第 1，2，3，4，7，8 章）は現在も当てはまるものの，日本農業はこの 25 年間に激変した。そこで，この新版では，第 2 章の第 2-1 図，第 5，6 章および第 9 章を書き換え，ないしは最近数年のデータ値を示し，解説した。まず第 2 章の第 2-1 図，第 5 章と第 6 章等，激変した農業の最近数年の数値を調べ，付録の付表で図表化し，変化等を分析した。第 2 に，第 9 章の新政策が古くなり完全に書き改めることにした。この新政策は 1992（平成 4）年 6 月に政府が報告書として発表した。経団連，JA，農業経済学者や農林水産省企画室長等，立場の異なる者が議論し，10 年後の理想的な日本の農業を描いたが，実現困難な玉虫色の内容であった。筆者は 10 年での実現は不可能と，初版で述べていたが，その通りになった。

　例えば，30 年弱経過した今日でも，自給率の向上，10～20 ha の 1 農家経営や集落営農，日本型デカップリング等，一部の村落集団営農以外，多くがまったく実現していない。それゆえ，まさしく「絵に描いた餅」であった。日本農業は地形的に厳しく，1 集落当たりおよそ 20 ha しかない農地で，「10 年後を目途に，1 農家 10～20 ha の規模を行う」と考えること自体に無理があった。そこで第 9 章の「新政策」を削除し，TPP，日米二国間交渉と種子法廃止等，最近の重要な 3 問題に焦点を当てることにした。結局，新しく付け加えた部分の担当者は，次のとおりである。「新版はしがき」，「付録の新

データの分析」，さらに 12 頁にわたる付録の「マクロおよびミクロ理論の記述」は山口が担当した。また，中川は第 9 章ほぼすべてを（山口はここにも，インドやアルゼンチンの例等を加筆），さらに衣笠は，付表の最近のデータの収集を行った。第 9 章は根本的な書き直しを行ったが，他の本文は，上記の追加以外は以前のままである。結局，以下の 3 点の追加を行った。まず第 1 は，新データを付録に持つ 9 個の図表のある近辺の頁のパラグラフの終末 [具体的には，第 2-1 図（付録第 3 部の付図 1，付表 1 の 2 個）の 33 ページ，第 3-3 表（付表 2），第 3-4 表（付表 3）の 60 ページ，第 5-2 図（付表 4），第 5-3 図（付表 5）の 2 個の 87 ページ，第 6-1 図（付表 7），第 6-2 図（付表 8）の 98 ページ] に，「最近の数値は付表を参照」等とのみ加筆した。第 2 は，付録の第 1 部で，マクロおよびミクロ経済学の基礎を（初版で，かなり高度なマクロ，ミクロ経済学を使用したので，新版では基礎部分を）充実させた。さらに第 3 は，付録の第 3 部で主要図表の最近の数値を追加した。

　最後になったが，有斐閣の藤田裕子氏には，本書の新版出版にあたり，大変お世話になった。ここで，厚く御礼を申し上げたい。

　　2020 年 4 月

山口　三十四

はしがき

　国の世論を二分し，国会での3度の拒否決議を行った米の自由化が遂に受け入れられるようになった。高度経済成長が華々しかったため，日本農業は一見したところ，お荷物的存在のように思われがちであったが，これは農業の特殊性によるものであり，世界のどの国の農業成長率も非農業に比べると低かったのである。実際には，明治以降，経済摩擦の激化する以前の1970年頃までの100年間での日本農業の成長率は，当時日本が属していた開発途上国の中では群を抜く存在であった。それのみならず，当時先進国であったアメリカやイギリス，フランス，旧西ドイツ等のヨーロッパ諸国よりも高い世界一の成長率を誇り，アジア型農業の雄として世界の模範生だったのである。

　一方で日本は，高度経済成長期に入り，農工間の不均等発展が進んだ。そして世界一の1人当たり所得国になると，日本農業も高土地生産性追求型のアジア型農業から，高労働生産性追求型の新大陸型農業やヨーロッパ型農業へと方向転換せざるを得なくなった。しかし世界一の土地制約のため，この転換は容易なものではなく，加えて国際化が進み，農産物の自由化が進展すると日本農業はそれまでの模範生から一転し，相対的縮小産業のみならず，絶対的にも縮小産業となったのである。特に，12品目のガット提訴事件での自由化要求，牛肉・オレンジの自由化受入れは日本農業にきわめて大きなダメージを与えたのであった。実質生産農業所得は昭和20年代の水準へと低下し，農業軽視の風潮ともあいまって嫁不足から後継者もいない農家が多発することになった。

　この自由化受入れに強く作用したのが経済摩擦であり，具体的には急激な円高であった。農産物の内外価格差はそれまでの縮小基調から一転して，大きく拡大し，行政改革とあいまって農業批判が強く行われるようになった。高度経済成長期以降のこのような流れの中で，農家はそれまでの専業農家か

はしがき

ら兼業農家へと転換し，さらには土地を貸し出して働きに出る農家も多くなったのであった。すなわち日本農業の問題は，明治以降の農業内部での問題から，高度経済成長期における農工間への問題へと広がり，さらには国際化の進展に伴い世界の農業や経済間での問題へと大きな広がりを持つようになったのである。それにつれて，日本の農業は世界一の土地制約から米の自由化受入れ前の 12 品目の自由化要求や牛肉・オレンジの自由化によりすでに崩壊の危機に直面するようになっていた。このような状況の下で米の自由化が受け入れられたのであり，その影響は甚大である。幾人かのきわめて楽観的な自由化論者は日本の農業の現実を知らないといわざるを得ない。現在，農業の公益的機能，社会的機能や文化的機能を評価する動きが現れるようになっている。特に農業の公益的機能が評価され，環境との関連が大きな関心を呼んでいる。

　そこで，本書は国際化の下での農業問題や農業政策，および農業経済学を取り扱い，日本農政の課題と展望を示している。これまでの農業経済論は農業問題の国際的な広がりにもかかわらず，これらに焦点を当てたものは皆無であった。またそれを理論的に説明したものは存在しなかったのである。これはマクロ面から考えると国際マクロ経済学や国際金融論が農業経済学者の手中になかったからであろう。一方，集積による規模拡大を目指す「新政策」を考慮すると，ミクロ的視点から雇用農業や兼業農業を理論的に説明することも不可欠である。本書は国際化の下での農産物の自由化等の農業経済論に言及するとともに，このようなミクロ，マクロ理論を用いて日本農業，食料や環境問題の現実を説明していることが特徴となっている。それゆえ新しい農業経済論を提示した最初のテキストともいえるものである。

　なお本書の内容にはまだ改善すべき点が多々あるが，それらは今後の課題としたい。最後になったが，有斐閣編集部の秋山講二郎氏には本書の出版にあたり大変お世話になった。ここに厚くお礼を申し上げたい。

　1994 年 1 月

山口　三十四

iv

著者紹介

山口三十四 （やまぐち みとし）

神戸大学名誉教授，博士（経済学），ミネソタ大学 Ph.D.

1943 年　京都府に生まれる
1967 年　京都大学農林経済学科卒業
1969 年　同修士課程修了
1973 年　神戸大学経済学部講師
1975 年　同助教授
1985 年　同教授

おもな著作　『日本経済の成長会計分析——人口・農業・経済発展』有斐閣，1983 年（日経・経済図書文化賞受賞）。

『産業構造の変化と農業——人口と農業と経済発展』有斐閣，1994 年（日本農業経済学会学会賞受賞）。

『人口成長と経済発展——少子高齢化と人口爆発の共存』有斐閣，2001 年（日本人口学会学会賞受賞）。

『道の駅の経済学——地域社会の振興と経済活性化』（共著）勁草書房，2019 年。

衣笠　智子 （きぬがさ ともこ）

神戸大学大学院経済学研究科教授，ハワイ大学 Ph.D.

1975 年　兵庫県に生まれる
1998 年　神戸大学経済学部卒業
2000 年　神戸大学大学院経済学研究科博士課程前期課程修了
2000 年　神戸大学大学院経済学研究科助手
2004 年　同講師
2006 年　同助教授。同准教授を経て
2016 年　同教授

おもな著作　Yamaguchi, M. and Kinugasa, T., *Economic Analyses Using the Overlapping Generations Model and General Equilibrium Growth Accounting for the Japanese Economy: Population, Agriculture and Economic Development*, World Scientific, 2014.

Kinugasa, T. and Mason, A., "Why Countries Become Wealthy: The Effects of Adult Longevity on Saving," *World Development*, Vol. 35, No. 1, 2007, pp. 1-23.

中川　雅嗣 （なかがわ まさつぐ）

帝塚山大学経済経営学部准教授，神戸大学博士（経済学）

1965 年　滋賀県に生まれる
1992 年　立命館大学法学部卒業
2007 年　神戸大学大学院経済学研究科博士課程後期課程修了
2019 年　帝塚山大学経済経営学部准教授

おもな著作　「日本の都道府県別食料自給率の決定と農業生産構造」『農林業問題研究』（共同執筆）第 46 巻第 3 号，2010 年，313-324 頁。

「包絡分析法を用いた野菜作の生産性分析」『農林業問題研究』第 55 巻第 3 号，2019 年，189-196 頁。

目　　次

第Ⅲ部　日本農政の課題と展開方向

目　　次

第Ⅰ部

国際化時代の食料と農業

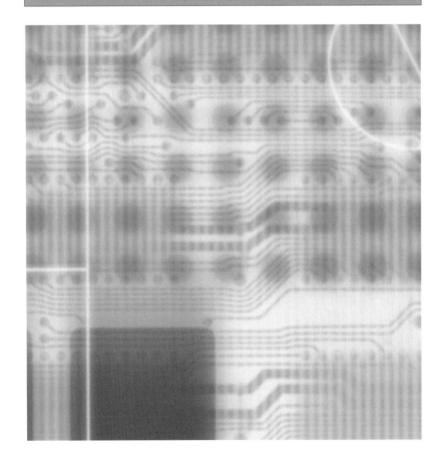

第1章　国際化時代の食料と農業

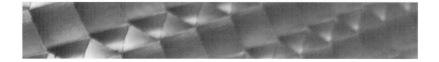

　現在の日本経済はバブルが崩壊し，長期にわたる不況となっている。しかしそれまでは，いざなぎ景気以来の大型景気の中にあり，バブル経済と呼ばれるような，かつてない豊かさを享受していたのであった。一方では，その陰で貿易摩擦とその結果生じた円高により，厳しい経済の構造再編を余儀なくされていた。また輸出主導型経済から内需主導型経済への転換，および海外に生産基地を持つ経済のグローバル化等を行うことにより貿易摩擦問題を減少させようと試みたのであった。そして円高の影響で産業の構造や事業内容の再構築（リストラクチュアリング）が行われたのである。

　このバブル経済の下で，国民生活は豊かになり，海外旅行やグルメブーム，さらには高級耐久消費財の消費等の生活の高度化が生じてきた。そして金融資産の資産残高が増大し，経済のストック化と呼ばれる現象が生じ，経済に対する影響もきわめて大きいものであった。それにともない，これらの日本農業の変革に対する圧力や影響は大きなものとなった。それゆえ，日本の農業問題は著しい広がりを持つようになり，農業のみならず，経済との関連，さらには世界経済とのつながりがきわめて緊密になったのである。そして，遂には米の自由化が決定される事態となった。ここでは，これらの世界経済，日本経済や日本農業の相互依存性の強まりが日本農業にどのような影響をもたらしてきたかについて振り返ってみることにしよう。

1 国際化の中の日米経済

1-1　世界の中の日本経済

① 日本経済の世界での地位

　日本経済は明治以降，奇跡的な発展を遂げてきた。しかし，この経済の発展，特に戦後の高度経済成長期の発展が前代未聞のものであったため，農業はあたかも停滞したお荷物的な存在であるとの印象を与えてきた。この点は日本農業にとって，悲劇であった。この農業の相対的に低い成長は農業の特殊性からくるものであり，世界のどの国にも当てはまるものである。それゆえ日本農業の固有の問題というわけではないのである。逆に，明治以降約100年間の農業生産量の成長率を見ると，日本農業は当時所属していた発展途上国の中では抜群の高成長を遂げてきたのであった。それのみならず，当時先進国であったアメリカ，イギリス，フランスや旧西ドイツ等を上回る世界一ともいえる成長率を実現してきたのであった。

　このすばらしい高成長を遂げた日本農業も，現在では，①世界一ともいえる厳しい土地制約（第1-1図が示すように，日本の土地条件は驚くほど厳しいことがわかるであろう。この点については，後で詳しく述べることにする）を持つ農業形態でありながら，あまりにも高所得国になりすぎたこと，すなわち日本は高所得国になり，高労働生産性を持つ産業構造へと変化するようになってきた。そこで第1-2図が示すように，農業もそれまでのアジア型農業の高土地生産性追求型農業から，ヨーロッパ型や新大陸型農業のように高労働生産性を追求する農業へと変化しなければならなくなった。それゆえ A 点の方向に動き，ニューフロンティアの創出が必要となっているが，上述のようなあまりにも厳しい土地制約のため，国際的に生き残ることはほとんど不可能に近いというきわめて厳しい状態にあること，②世界とのつながりがあまりにも急速かつ堅固になった（グローバル的視点からの農業）と

4

 第 1-1 図　世界各国の土地賦存状態

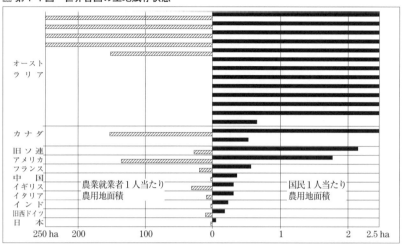

出所：農業と経済編集委員会他編『図で見る昭和農業史』富民協会，1989 年の中の山口論文の図を引用。

▨ 第 1-2 図　世界の農業の形態的分類

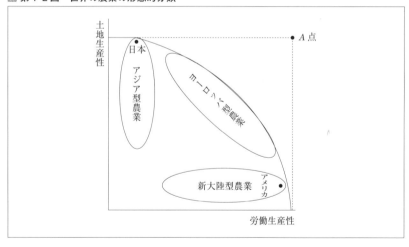

いう 2 点により，非常に困難な状態に陥っているのである。そこで，ここで
はこれらの点を日本農業，日本経済および世界経済との相互依存的なつなが
りに焦点を当てて考察してみることにする。

　ところで，日本経済は明治以降多くの試練にさらされながら，農業および

非農業両部門の懸命の努力により，（現在では円高の影響が大きいとはいえ）大きな経常収支の黒字を持つ世界一の 1 人当たり所得国へと発展したのであった。そして貿易摩擦がきわめて大きな問題となり，農業にも大きな圧力となった 1988（昭和 63）年の経常収支は，すでに 794 億ドル（貿易収支は 947 億ドル）にも達する黒字となっていたのであった。逆に，資本収支（経常収支の裏面的側面を持つ）は約 1108 億ドルの赤字（長期資本収支が 1303 億ドルの赤字，短期資本収支は 195 億ドルの黒字）を計上するようになっていた。この資本収支の赤字はアメリカ等の高金利と日本の金利との格差（1988〈昭和 63〉年の公定歩合で見ると，日本は 2.5%，アメリカは 6% と 3.5% の格差があった。また長期金利では後出の第 1-4 図が示すように，約 4% の差異があった）による資本流出を意味するものであった。

　一方アメリカの経常収支も 1987（昭和 62）年には，すでに 1539 億ドル（貿易収支は 1712 億ドル）というきわめて大きな赤字となり，その後は少し削減されたとはいえ，これらの莫大な赤字が日米貿易摩擦として問題化したということはよく知られた事実であった。それゆえ，日本の経常収支の大きな黒字やアメリカの大きな赤字をそれぞれの国の資本収支で補い合い，かつ変動為替相場制の下で円高，ドル安にさせることにより国際収支を均衡させようとしてきたのであった。また 1987（昭和 62）年には日本は 1 人当たり所得でアメリカを追い越し，1994 年では世界の GNP に占める日本の割合は 15% 以上（人口はわずか 2% のシェアである）にも達し，今後もますますその大きさが増大する傾向を持つようになったのである。

　そこで，日本経済の世界での地位や影響力が高まり，国際化，グローバル化という言葉が盛んに叫ばれるようになったのであった。日本農業はこの影響をまともに受けるようになった。例えば，円高により，これまで縮小傾向を示していた農産物の内外価格差は急増し，大きな格差を持つようになった。また日本の貿易収支や経常収支の黒字が大幅に増加するにつれ，貿易摩擦問題は農業に対しても厳しくなり，日本農業はきわめてむずかしい状態に直面するようになった。農産物の自由化が叫ばれ，農産物 12 品目の自由化が要

求された。そしてガットにも提訴されるようになった。それのみならず，牛肉・オレンジの自由化に引き続き，ついには聖域といわれた米の自由化までもが決定される事態となったのである。

② 貿易摩擦の概況

このように1970年代の日本経済と農業は貿易摩擦と円高の嵐にさらされてきたのであった。振り返ってみると，1960年代の前半までの日本経済は貿易収支や経常収支は赤字であった。しかも世界の国々は安全保障政策を最優先させていたのであった。しかし，1960年代の後半以降日本は経常収支が黒字に転じ，それにつれて貿易摩擦が問題として浮上するようになった。まず繊維が貿易摩擦問題として問題化し，続いて鉄鋼へと対象が広がっていったのであった。その後1970年代に入り，黒字は大きく増加し，テレビ等も対象に入れられるようになった。しかし1973（昭和48）年の石油ショックにより，貿易収支や経常収支は1973年から75（昭和50）年までは再び赤字となり，貿易摩擦問題は小康状態となったのである。その後，第2次石油ショックまでは黒字が増大し，貿易摩擦は自動車，ハイテク産業へと広がり，

▨第1-3図　日米貿易収支と牛肉・オレンジ輸入枠

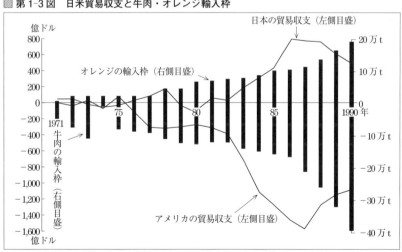

出所：農林水産省の資料，IMF, *International Financial Statistics*, より作成。

農産物の牛肉・オレンジの輸入にまで圧力が強まったのもこの時期であった（第1-3図は日米貿易収支とオレンジ輸入枠を示したものである。これを見れば，日本とアメリカの貿易収支の大きさと牛肉・オレンジ輸入枠との関係が明らかであろう）。

　1980年代に入ると，貿易摩擦問題は自動車や半導体等のハイテク産業，金融・資本市場等のサービス分野，弁護士活動や通信サービス，建設市場への参入要請等へとさらに範囲を拡大させてきた。そして農産物の自由化への圧力が従来以上に強くなり，12品目の農産物自由化要求や牛肉・オレンジの自由化要求，さらには米への自由化要求圧力となってきたのである。この貿易摩擦の要因は経済的要因と非経済的要因に分類して考えることができるだろう。まず経済的要因としてはアメリカ経済の競争力が低下したこと，逆に日本経済の競争力が向上したことがあげられよう。また日本の輸出主導型発展や市場閉鎖性，さらに為替レートの問題等により収支不均衡が生じたこと等も指摘できるのである。一方，非経済的要因としては，政治的要因（例えば政府要人の業績確立のため），社会心理的要因（日本が大国としての責任を果たしていない等），文化的要因（アメリカの歴史的感覚の欠如等）等が考えられ，経済的要因と複雑に絡み合い，その解決が非常に困難な問題として現れてきたのであった。

③　貿易摩擦と国際マクロ経済学

　このような貿易摩擦，およびその結果として生じた円高により，日本経済は大きな影響を受けるようになってきた。また日本農業も，かつてない大きな打撃を受けたのである。そして米の自由化の決定により，まさしく生死の瀬戸際に立っているのである。それゆえ，この貿易摩擦問題や円高がどのようなメカニズムで発生するかの理論的説明が必要であった。しかしこの説明には，マクロ経済学，国際経済学，さらには国際金融論が複雑に絡み合い，これまでの農業経済学者の手にはおえず，これらのメカニズムの説明は皆無の状態であった。ところで第2節以降で示すように，今日の日本経済や農業は国際化，貿易摩擦や円高により，きわめて大きな影響を受けるようになっ

▨ 第 1-4 図　日本とアメリカの国際およびマクロ的位置関係

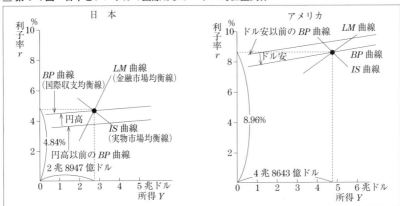

注：IS 曲線と LM 曲線は，それぞれ国内の実物市場均衡線と金融市場均衡線を示すものであり，BP 曲線は国
　　際収支均衡線を示すものである。また BP 曲線の上方は黒字領域，下方は赤字領域を示すものである（付
　　録を参照）。経済企画庁経済研究所編「EPA 世界経済モデルの構造と財政政策の効果」『経済分析』第 114
　　号，1989 年 9 月，7 ページによれば日本の BP 曲線の傾きは 0.12（アメリカは 0.19）であり，LM 曲線の傾
　　きは 0.61（アメリカは 0.40）である。第 1-4 図の曲線の傾きはこれらの研究結果を踏まえて描かれている。

ている。そして国際化，貿易摩擦や円高はこれまでも，日本経済のグローバ
ル化，ストック化，内需拡大，さらには生活や産業の高度化を進め，その日
本経済への影響は莫大なものであった。また農業に対しても，これらの影響
はきわめて大きく，かつ経済のグローバル化，ストック化，内需拡大，生活
と産業の高度化を通し間接的にも大きな影響を持っていた。それゆえ，ここ
では日米間の経済状態（実物市場や金融市場）や国際金融市場の状態を含め，
円高のメカニズムの理論的説明を行うことにしたいと思う（理論的説明に興
味のない人は，1-2 の日本経済の構造再編へ進まれたい）。

　第 1-4 図は国内市場の均衡，すなわち実物市場の均衡曲線を示す IS 曲線
と，金融市場の均衡曲線を示す LM 曲線の位置の，日米比較を行ったもので
ある[1]。この図が示すように，貿易摩擦がきわめて大きな問題としてクローズ
アップされた 1988（昭和 63）年において，日本の GNP は 2 兆 8947 億ドル，
長期金利が 4.84% であったのに対し，アメリカの GNP は 4 兆 8643 億ドル，
長期金利が 8.96% であった。それゆえ，日米間では所得で約 2 兆ドル，金
利差で約 4% の格差を持っていたことがわかる。この金利差 4% により，金

利差を求めてアメリカへ資本移動（日本からの流出）が行われていたわけである。その後 2017（平成 29）年の GDP は，日本が 5 兆 8575 億ドル，アメリカが 19 兆 3906 億ドル，長期金利は 2020 年 2 月の時点で，日本が－0.16％，アメリカが 1.2％ となっている。一方，BP 曲線は国際収支均衡線を示すものである。現在は変動為替相場制を採用しているゆえ，理論上は為替レートの変化により IS 曲線と LM 曲線の交点で BP 曲線が交わることになっている。図で示した円高以前の BP 曲線は円高のメカニズムが働く以前の位置関係を示したものである。

　BP 曲線の左上方向は黒字領域，右下方向は赤字領域である。[2] それゆえ，仮に円高・ドル安にならない場合には第 1-4 図で示したように日本の国際収支は黒字領域にあり，アメリカの国際収支は赤字領域にあるはずである。この円高が生じる以前のアメリカは，石油ショック以後のスタグフレーションに苦しんでおり，その是正のために，アメリカは金融引締め政策と財政緩和政策を取りスタグフレーションを収束させようとしたのであった。しかし，その結果は財政赤字，高金利，ドル高となり，このドル高が国際収支の赤字を累積させ，貿易摩擦が新たに大きな問題となるようになったのであった。そこで，ドル安，円高へと修正が行われたのである（付録第 2 部を参照）。

　それでは，円高は日本の BP 曲線をどのように変化させるのであろうか。円高は輸出 X を減少させ，輸入 M を増加させるため，付録の第 11a 図で示したように経常収支曲線（$X-M$）を上方へシフトさせるであろう。それゆえ，BP 曲線は左上方向にシフトするのである（詳細は付録第 11a 図を参照）。逆にドル安はアメリカの BP 曲線を右下方向にシフトさせることになる。それゆえ，第 1-4 図で示されたような国際収支が黒字基調の場合には，BP 曲線を左方向へシフトさせ，国内均衡点である IS，LM 曲線の交点に交わるよう円高調整をするというのが国際金融のメカニズムである。以上が，円高がいかに国際収支を均衡させ，国内均衡と国際均衡を一致させるかの理論的説明である。日本経済はこのような円高を受け入れることにより国際収支を均衡させるよう努力してきたのであった。

1-2　日本経済の構造再編

⚊　内需拡大と経済のグローバル化

これまでに述べたように，貿易摩擦問題や円高問題は日本経済にきわめて大きな影響を与えたのであった。この円高により，企業は血のにじむようなコスト削減努力や経営合理化を求められてきたのであった。そして貿易摩擦問題により，低廉なコストを求め，海外で生産等を行う経済のグローバル化が進展した。そして，日本経済の構造再編（リストラクチュアリング）が進められたのである。また日本経済は従来の輸出主導型経済から内需主導型経済へと，大きな転換を余儀なくされたのであった。さらに，円高は生産面のみならず，生活面にも大きな影響を与えたのである。すなわち生活面においても円の価値が上昇し，海外旅行等が盛んに行われ，消費の多様化，高級化が進み，生活の高度化が進展するようになった。

ここではまず最初に，内需拡大政策について振り返ってみることにしよう。上述のごとく，貿易摩擦問題により，日本経済は外需主導型経済から内需主導型経済へと，方向転換を余儀なくされてきた。そして当時，いざなぎ景気以来の大型景気の中にあった日本経済は，個人消費の増大や民間設備投資の増大等により，内需拡大に努力してきたのであった。実際のデータを見ても，1983（昭和 58）年には内需および外需の成長率はそれぞれ 2.2%，1.5% と内外需ともプラスの成長率を示していた。しかし 1986（昭和 61）年には，内需が 4.2% へと成長率を加速させたのに対し，外需はマイナス 1.5% となり，外需主導型成長がはっきりと後退したことがわかる。この傾向はその後も続き，1988（昭和 63）年には内需の成長率が 6.8% へと大きく増加したのに対し，外需はマイナス 1.7% とさらに後退し，日本経済が内需主導型経済へと大きく変化したことが理解できるのである。

以上のように，日本経済は貿易摩擦や円高に対し，内需拡大政策を行うようになった。また一方では，経費削減や貿易摩擦回避のため，海外に生産基地を移すようになった。すなわち，海外で中間原材料や商品の調達，さらには製品輸入等を行うグローバル化現象が進展してきたのであった。例えば自

動車では，トヨタがアメリカ・ケンタッキーで本格的な生産を行い，家電業では，シャープがタイに子会社を設立し，電子レンジ，冷蔵庫等の生産を行うようになったのである。またホンダのアメリカ産日本車の逆輸入も行われるようになった。

　このように，企業の戦略が世界的視野，グローバルな視野で行われるように変化したのである。そして輸出，輸入の増加や資金移動等の国際的関係の強まりが広がり，さらには生活面で海外旅行やホームステイ等を通じ，海外との接触が大きく増加し，グローバル化という言葉が盛んに使われるようになった。このように，世界経済と日本経済はお互いに相互依存関係をいっそう強め，一体化が進められてきたのである。そこで，日本経済も世界的観点から見た運営が行われる必要に迫られてきたのである。

② 生活の高度化と経済のストック化

　一方，家計消費支出でも，食料等の必需的支出はほぼ横ばい状態に推移し，選択的サービス支出（旅行，カルチャーセンター等の教養娯楽および外食費等の合計）や選択的商品支出（家電製品，乗用車，衣料品費等の合計）の伸びが大きくなったのであった[3]。そこで，まず最初に選択的サービス支出について見ることにしよう。この支出の中身を分析すれば，生活の高度化が進展してきたことがわかるのである。例えば，旅行を例として見ると，海外旅行等のいわゆる高級化が進展し，海外旅行者数は大きく増加したのである。また趣味や教養を高めるためのカルチャーセンターや健康増進のためのスポーツクラブ等への支出も大きく増加した。

　さらに，外食も，いわゆるグルメブームと呼ばれる高級化が進展し，かつ女性の職場進出と相まって，ファミリーレストランから高級料理店まで，数多く，しかも幅広く利用されるようになった。一方，選択的商品支出を見ても，衣料品や宝飾品支出の個性化や高級化が進み，さらに耐久消費財も高級化が進展した。すなわち，テレビでは大型カラーテレビ，VTRでは高画質，高音質のHi-Fi型が多くなり，大型冷蔵庫や全自動式洗濯機の需要が激増するようになった。このように，家計行動や消費支出にも多様化や高級化が進

展し，生活の高度化が進められるようになったのである。

　一方，経済のストック化という言葉も当時は盛んに使用された。これは金融資産等の資産残高が増加し，その保有や取引の経済全体に与える影響が高まっているという意味で用いられていたのである。すなわち，国民総資産残高は経済のストック化という言葉が盛んに使われた1987（昭和62）年末で5338兆円に達し，そのうち実物資産ストック（資本ストック，住宅，在庫に土地等を加えたもの）は2510兆円であり，残りの金融資産ストック（預貯金，債券，株式等）は2829兆円であった。この国民総資産は1970（昭和45）年にはGNPの8.1倍であったのが，1987（昭和62）年には2倍近くの15.5倍へと大きく増加したのであった。このように日本経済はストック化が急速に進んだのであるが，その中でも金融資産の構成費が大きく増加したのであった。いずれにしてもバブル崩壊以前は経済のストック化が大きく進展したことがわかる。

③　産業の高度化と経済の構造再編

　また円高等の影響による，これまでに述べた変化とともに，当時の日本経済で最も重要な変化の1つに，産業の高度化とこれらすべての変化を含めた経済の構造再編があげられる。すなわち，経済が発展するにつれ，第1次産業中心の経済から第2次産業，第3次産業へと重点が移っていくことはペティ＝フィッシャー＝クラークの法則としてよく知られているところである。しかるに当時の経済の動きは，重厚長大型産業から軽薄短小型産業へと重点が移り，知識・情報サービス等の産業が重要な地位を占め，ソフト化，サービス化と呼ばれる現象が進展してきたのであった。そして第4次産業（貿易，金融，保険，不動産業等）や第5次産業（教育，研究，保険，統治等）と呼ばれる分類方法が出現するようにもなっていたのである[4]。

　すなわち，企業は厳しい環境状況により血のにじむような努力を続けてきたのであった。そしてハイテク化，高付加価値化，経営の多角化や情報化の活用等の方向へと転換したのであった。この点を『経済白書』では産業の高度化と呼んでいた。そして経済のエレクトロニクス化，情報化を産業の高度

化のバックグラウンドと見なしているのである。またこの産業の高度化（ソ
フィスティケート化）は高付加価値化，ハイテク化を目指す方向（ファイン
化）と業際市場へ多角化，融合化する方向（アモルファス化）の2方向でな
されていたのであった[5]。そして，それまでは鉄が産業の米と呼ばれていたが，
新たに半導体が産業の米と呼ばれるようになったのである。また多くの企業
は，エレクトロニクスや新素材，ソフトウェア，バイオテクノロジー，情報
通信システム，レジャーやリゾート関連の部門へと進出し，事業内容の再構
築（リストラクチュアリング）が行われ，本業離れが進んでいたのであった。
このように，日本経済は当時は特に産業の高度化が進み，経済の構造再編が
大きく進展していたことがわかるのである。

2 貿易摩擦と日本農業

① 日本経済の構造再編と農業

　以上のように，貿易摩擦と円高は日本経済を激変させたのであった。また
第1節で見たように，この貿易摩擦問題は農産物の輸入自由化を促進させる
圧力として働いてきたのであった。そして，その結果として生じた急速な円
高は，農産物の内外価格差を大きく拡大させたのである。この円高のスピー
ドはあまりにも大きく，従来から縮小傾向にあった農産物の内外価格差を一
気に逆転させ，大幅に増加させる結果となった。これらの農産物自由化への
圧力と円高による内外価格差の拡大の2点は貿易摩擦と円高の農業への直接
的影響としてとらえることができるであろう。しかし，この貿易摩擦と円高
の農業に対する圧力は，これらの直接的な影響のみならず，これまでに述べ
た内需拡大，経済のグローバル化，経済のストック化，生活と産業の高度化
を通し，間接的にも農業の変革にきわめて大きな圧力を与えたのであった。
　そこで，以下では①内需拡大，②経済のグローバル化，③経済のストック化，
④生活の高度化と⑤産業の高度化がいかに農業の変革に圧力を持つようにな

ったかについて見ることにする。

　すでに見たように，①の内需拡大政策は貿易摩擦を避ける方法として行われたのであった。この点は輸出主導型産業構造から内需主導型産業構造へと変化するために，一見すれば農産物自由化への圧力が弱まる方向に働くように期待されるであろう。しかし現実には，この内需拡大政策も日本農業，特に都市農業に大きな影響を与えたのである。その一例がかつての日米構造問題協議でのアメリカの発言であろう。すなわち，日米構造問題協議では，アメリカ側は日本の土地価格の高騰が消費，ひいては内需を減らし，外国企業が日本市場に参入するときのコストを高くしていると批判したのである。それに対し，日本側は大都市の市街化区域内の農地に対しては，さまざまな施策を講じる中で税制の再検討を考え，宅地並み課税の実現に取り組む意向であることを表明したのであった。この点からも内需拡大政策は日本農業に圧力を強める方向に働いたことがわかる。

　続いて，②経済のグローバル化の農業への圧力はどのようなものであったであろうか。経済のグローバル化は次の3点から進展したのであった。[6] まず第1は国際関係が輸出入の増加や資金の移動，さらには発展途上国に対する資金還流などにより，双方向的に強まったことである。第2は，企業が生産や販売の最適立地を世界的視野で行うようになったことである。第3は，日本経済の世界的の地位が高まり，かつ世界との相互依存性が高まったゆえ，その運営に世界を見すえた視点が必要となったことの3点であった。そえゆえ，この経済のグローバル化が進むにつれ，農業に対しても国際的関係の強まりを意識し，世界を見すえた観点から農業を考えるべきであるという人が出現するようになった。そして農産物自由化受け入れ要求や，農業もアメリカやタイ等で，稲の生産等を行うように提言する人までもが出現するようになってきたのであった。

　次に③の経済のストック化が農業に与える影響へと目を移すことにしよう。当時の日本経済のストック化は金融資産や地価上昇を反映したものであり，必ずしも国民生活の豊かさに直結するような形になっていない点が問題とな

っていた。そこで，社会資本の整備とともに，土地・住宅問題が大きく取り上げられるようになったのであった。その前の地価高騰は東京が国際的な金融都市になり，東京への諸機能の集中により引き起こされた，需要主導型タイプのものであったが，政策の一例としては農地の宅地並み課税を行い，供給を増加させることが盛んに提言されるようになった。この点に関しても農業の変革への圧力が強まったことがわかるのである。

さらに，④の生活の高度化も農業へかなりの影響を与えるようになった。まず第1に，この生活の高度化により，所得弾性値の低い農産物への需要は相対的に低くなり，農業の経済的地位が相対的により低くなった。続いて，外食の影響であるが，女性の職場進出が進むにつれ，食料等の必需的支出は相対的に低下し，外食等のサービス支出が増加するようになった。この点からも，サービス業への支出に比較して農業への支出は相対的によりいっそう低下することになったのである。さらに生活の高度化は住宅建設の多様化および高級化を進行させ，それにともない農地，特に都市での農地に対し宅地並み課税を賦課させる圧力の1つとして働くようにもなった。また海外旅行の増加は海外の住宅事情の観察を可能にさせ，住宅事情の劣悪な日本への土地政策に批判の目を向けさせる効果も持っていた。これらの点は都市での農地への圧力として働いてきたのであった。

一方，⑤の産業の高度化も農業の変革に対し大きな圧力を持つようになっていた。まず最初に，産業の高度化は生産性を上昇させ，1人当たり所得を増大させるが，土地制約が世界的に見てきわめて厳しい日本の農業は生産性格差がよりいっそう拡大するようになった。さらに産業の高度化，ソフィスティケート化は本業離れを促すようにもなった。そして業際市場へと進出し，いわゆる多角化および融合化を行うアモルファス化の方向へと構造再編を行ったが，その際常に問題となるのが，従来から存在する多くの規制であった。それゆえ，規制緩和の要求がマスコミを大きくにぎわしたのであった。日本の公的規制は実に広範囲にわたっており，参入規制，価格規制，輸入規制，業務規制，設備規制等の多くの規制が行われていたのである。われわれの対

象とする農業の規制緩和には，米の流通の各方面での新規参入や業務区域拡大等の規制緩和等があり，さらに農畜産物での市場のアクセスの改善等が行われている。このように産業の高度化も農業の変革に対し，大きな圧力として働いてきたことがわかるのである。

②　自由化命題と日本農業の存在意義

すでに見たように，最近は日本農業の変革への圧力がいっそう強くなり，日本農業の存在意義までもが問題とされるに至っている。グローバル化の圧力は，タイで米の生産をという動きも出ているのである。そこで日本農業の存在意義が問題となるが，すでに多くの人々により主張されているように，農業は経済的意義のみならず，多くの非経済的意義を持っているということである。例えば，農業が持つ公益的機能，自然的意義，文化的意義や社会的意義等はその例であり，現在や将来こそこれらの効用はよりいっそう高まるものであろう。また経済的効率性やグローバル化の観点のみから見れば，農産物や米の自由化の決定は望ましかったといえよう。

しかし，かつて問題となったフライドポテトの農薬含有問題，汚染たばこ等農産物輸入の危険性とともに，忘れてはならない点は自然の摂理であろう。すなわち，熱帯で栽培される多くの作物は身体を冷やす作用を持ち，逆に寒い地方の多くの作物は身体を温める作用があるといわれている。また，夏にできる多くの作物は身体を冷やす作用を持ち，冬の作物は温める作用を持つという。また，昔から旬のものを食べよという言い伝えも存在する。それゆえ，身土不二といわれる言葉が存在するごとく，その土地で自然条件の下でできる作物をできるだけ多く食べるというのが本来の道であろう。自然の土や日光なしで1本から1万個以上のトマトの採取に成功した例は効率のみを考えたものであり，医師の真弓定夫もいうように実に危険なものであろう。[7]自然の反発は逆に人間を襲ってくるものと思われる。

ところで，第8章でより詳細に見るように，自由化命題は元来，農業にはまったく当てはまらないものである。農業経済学者でない宇澤弘文が強く主張するように，自由化命題は多くの非現実的な仮定の下に成立するものであ

る。そして農業が持つ公益的機能，文化的意義や社会的意義等の非経済的意[8]義をまったく無視する理論である。また第3章で見るように，農業保護の論拠は，上で述べた農業の存在意義，すなわち食料安保，公益的機能，地域的[9]バランス，文化的意義等の経済的，非経済的意義とともに農業構造の改善，技術開発や農産物価格の安定という観点からも大いに存在するのである。そこで，米の自由化が決定された今日，反省も踏まえ再検討しなければならない点は次の2点であろう。

　まず第1に，日本の経済や農業の進路はアメリカ等のある程度の外圧に従うとしても，根本的によく考え，日本自らの確固たる信念を持って進むべきであろう。この点で米の自由化はアメリカの圧力に屈したことは否めない事実である。第2に，かつての行政改革は土光敏夫を会長として答申されたことはよく知られている。この土光敏夫は「ギリシャ，ローマの文明の没落過程を分析し，一見豊かさを謳歌している日本社会ときわめて類似していることを示し，日本も崩壊の道を歩んでいるのではないかと警告を発したもの」[10]を読み，行政改革を思い立ったとされている。これまでの日本農業が甘えを持っていたという側面があったことは否定できない事実であろう。しかし，ローマ帝国が滅亡した大きな原因は食料を他国に依存し，健啖と虚栄と奢侈にふけっていたことだといわれている。行政改革や前川レポートはローマ帝国滅亡の過程を分析しながら，この点をまったく無視していたのであった。

　現在の日本農業に必要なことは，規模拡大による生産性向上に役立つ構造政策を強力に進めていくことであろう。しかし，日本の地形や土地条件，中山間地域の圧倒的多さを考慮すれば，やはり日本型デカップリングは必要不可欠であると思われる。その意味で規模拡大との2本立てで進めていくべきであろう。それゆえ，規模拡大が可能な地域と非経済的価値を持ちながら経済的にペイしない地域との峻別が必要である。その上に立ったきめ細かい政策が必要であり（より詳細は第8章を参照），さらにこの農業軽視の世の中で，マスコミ等を通し，国民に農業の重要性を訴えることが何よりも重要であると思われるのである。

3　経済主義と農業の軽視

　経済主義ないしは経済至上主義的な様相を強く感じさせる現在の日本は，生産性の低い農業は軽視されるという農業軽視の風潮が支配的となっている。しかし経済主義は野尻武敏もいうように，人間からの反発（人間性回復の要求），自然からの反発（資源の頭打ちと環境汚染）および経済至上主義自身の自己矛盾（資源は頭打ちであるのに使い捨てを行っている）の3点より挫折を余儀なくされている[11]。第3章でより詳細に分析するが，日本農業に対し農業の特殊性とともにここで改めて再認識しておかなければならない点は次の5点であろう。まず第1点は，上述のように，農業は他の産業とは根本的に異なり，空間的制約と時間的制約という二大制約を持っているという点である。まず国民1人当たりの国土面積も小さい（第1-1表）が，それにもまして日本の国民1人当たり農用地面積は4a（アール）余と，新大陸（オーストラリアの3081a，アメリカの180a）や欧州の14〜60aはもちろんのこと，人口稠密なアジア諸国（中国の39a，インドの24a）と比較しても極端に少なく，傾斜地が多く，かつ大きく分散しているのである。それゆえ土地制約がきわめて厳しいという点である。

　第2点は，それにもかかわらず，日本農業は肥料多投による高土地生産性を持つアジア型農業の雄であり（第1-2図），明治以降1970年頃までの100年間に日本農業は世界一ともいえる高成長率を遂げてきたのであった。しかし労働力不足経済になり，日本農業を高労働生産性農業へと転換するに当たり，上述のきわめて厳しい制約により大きな問題を呈するようになったというのが実情である。第3点は，上記の土地制約に加えて，輸入増大により日本の食料自給率は1990（平成2）年でカロリー自給率が47％，穀物自給率は30％と主要先進国中最低の自給率に落ち込んでいるという点である。そしてアメリカのウェーバー商品（自由化義務免除商品），ECの輸入課徴金

■第1-1表　世界各国の土地賦存状態

	1人当たり 国土面積	1人当たり 農用地面積
新大陸	アール	アール
カ　ナ　ダ	3930.9	305.4
ア　メ　リ　カ	391.7	180.3
アルゼンチン	905.3	353.3
ブ　ラ　ジ　ル	627.9	179.8
オーストラリア	4879.9	3081.1
ニュージーランド	825.7	442.5
欧　州		
フ　ラ　ン　ス	100.2	57.0
旧 西 ド イ ツ	40.7	19.7
イ　タ　リ　ア	52.7	30.0
オ　ラ　ン　ダ	25.7	13.9
ノ ル ウ ェ ー	780.9	23.0
スウェーデン	538.9	42.4
イ　ギ　リ　ス	43.6	32.3
アジア		
中　　　　国	90.6	39.3
イ　ン　ド	43.8	24.1
日　　　　本	31.3	4.4
韓　　　　国	23.9	5.4
パ キ ス タ ン	82.8	26.7

出所：FAO, *Production Yearbook 1987* より加工。

制度や輸出補助金等を考慮に入れると，日本は先進国中農産物輸入に対し，最も開放度の大きい国となっている。そして2倍余の人口を持つ旧ソ連をも凌駕する世界最大の農産物純輸入国となっているのである。

またこのような農業を取り巻く情勢の厳しさを反映して，農家の後継者はまったくといっていいほど育たず，1983（昭和58）年度以降の生産農業所得もほぼ連続的にマイナス成長を示し，実質では昭和20年代の水準へと落ち込んでいるのである。この点は農家所得のうち兼業所得が80％近くあり，多くの人々は気づかずにいるが，実際には農業にとり農業恐慌かそれ以上の厳しい状態となっているのである。第4点は，しかしながら水や空気と同様，食物はなくては生きられないという点である。この点は食料と比較される石油とは本質的に異なるものである点に注意する必要があろう。第5点は，日

本農業はしばしば過保護であるといわれている。この過保護性は否定できない面もあろう。しかしながらこの論争では，非常に恣意的な指標を用いてこの過保護性の批判が行われていたのである（この点は第3章第2節でより詳細に説明されている）。

　最近の日米貿易摩擦により，日本農業はあたかも両国に問題を引き起こす元凶のごとく槍玉にあげられている。しかし日本と同様，土地条件の劣悪なスイスや韓国は日本以上のはるかに高い保護率を保っているのである（第3章の第3-2図で詳述する）。そして経済発展の段階を考慮すれば，国際的に見て，日本農業はまさしく先進国がたどった道を歩んでおり，日本農業の保護水準のみが特別に高いというわけではないのである（第3章第2節）。その意味で保護率が最も高くなる時期に日米貿易摩擦が生じたことは，日本農業にとり実に不幸なことであった。先進国中最低の自給率，最大の農産物純輸入国，後継者が育たないこと，1978（昭和53）年以降生産農業所得は絶対的な縮小を余儀なくされていた点等の側面から見ても，過保護性の批判は当てはまらない面が多いのである。その意味で，日本の農業サイドから見れば，貿易摩擦の元凶はアメリカにあり，一歩譲ったとしても日本の工業品の輸出攻勢にあるともいえるのである。

　しかしながら，計測結果から判断すれば，農業シェアがいっそう低下し，農業労働生産性が高まるにつれ，農業保護率は低下していくのが国際パターンである。そのためにも，日本農業は労働生産性を上昇させるよう規模拡大を行う必要があるだろう。しかしながら，一方では日本の地形により，1区画0.3 ha（ヘクタール）という規模にするのでさえ困難な状態である。1つの農業集落の水田面積は平均で20 ha程度でしかなく，しかも大きく分散しており，また中山間地域の農業が圧倒的な割合を占めるのである。その意味で規模拡大による労働生産性上昇にも厳然たる限界というものが存在しよう。国土のバランス的発展の観点から見ると，このような中山間地域で非経済的な価値のある土地は日本型デカップリング（所得補償）等により保護する必要があると思われる（詳細は第8章を参照）。

　振り返ってみると，日本農業は多くの問題点を抱えながら，これまでは日本経済に多くの貢献を行ってきたのであった。内外で広く知られている農業の５つの貢献，すなわち食料の供給，労働力の供給，資本の供給，外貨の獲得や非農産物に対する市場の提供等に付け加え，現在では農業の公益的機能や社会的意義および文化的意義等の貢献が評価され始めている。また，経済的な側面のみで日本農業を評価することは，土地制約の厳しい日本農業にとり無理なことである。それゆえ現在は大変革の時期であり，高労働生産性農業の追求と日本型デカップリング等による所得補償により，地域および農業を発展させることが大いに必要であろう。

　以上，現在の日本の農業問題は世界や日本経済の激動の中で著しい広がりを持ち，そのために非常に困難な状況に置かれてきたことを説明した。そして，日本経済の世界での地位が向上するにつれ，世界経済，日本経済と日本農業の相互依存関係が強まり，世界経済の影響が日本農業に強く作用するようになってきたことが理解できたであろう。また，従来では日本農業にとり，直接的な関連は希薄であった国際金融面や国際マクロ経済学が日本農業を理解する上で必要となってきたのである。ここではこれらの世界での動きとその日本農業への影響を観察し，続いてその国際的金融を含む国際マクロの理論的説明を行ったのであった。そして，著しい広がりを持つ現在の日本農業の状況や問題点を実物的側面や金融的側面を含めて説明してきた。いずれにしても，米の自由化が決定された現在の日本農業はきわめて厳しい状況にあり，われわれの英知を集め，この困難に打ち勝つよういっそうの努力が必要なのである。

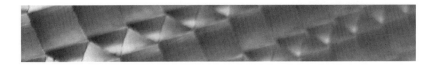

第2章　世界農業の不均衡発展

食料の過剰と飢饉

　世界農業は先進国と開発途上国との間で大幅な不均衡発展を示すようになっている。ウルグアイ・ラウンドで問題となっているように，先進国の中の農産物輸出国，特にアメリカや EC の過保護農政や輸出補助金付き輸出は世界の農産物を過剰基調へと導いてきたのであった。そして 1986 年の穀物の期末在庫率は 28% と食料危機であった 1972 年の 2 倍近くにも達していたのであった。しかし，その後は 1988 年の北米の戦後最大の干ばつや 1993 年の日本の歴史的な米の大凶作等が示すような異常気象により，世界の穀物の期末在庫率は 18〜19% 程度へと，再び大きく低下しているのである。しかし局地的な大凶作はあったとしても，世界全体の大凶作までには至っておらず，それゆえ先進国では，全体として食料はやはり過剰基調となっている。

　一方開発途上国においても農業技術の進歩があったが，全体として食料は依然として不足ぎみであった。アフリカの角と呼ばれる地域にあるソマリアや，アフリカ南部の諸国等での異常気象による多くの人々の飢餓状態がマスコミにも大きく取り上げられてきた。このように，世界の農業は不均衡発展

を遂げており，食料の過剰と飢饉が同時に生じているのである。前回の
1972〜73 年の食料危機からすでに 20 年が経過しており，その意味で現在の
食料危機や前回の食料危機を振り返ることは，米の自由化が決定された現在
ではきわめて重要なことであろう。そこで，続いてこれらの点について見る
ことにしよう。

1 世界の食料危機

　1972 年の旧ソ連の凶作に端を発した食料危機は記憶に新しい。この 1972
年から 73 年の食料危機により，農産物価格は急騰した。例えば米は，食料
危機前後の最低価格と最高価格では，約 700％ もの価格差を持つものであっ
た。しかし，このような一時的な食料危機は存在したが，一般的にいえば，
ここ数十年間の世界全体の食料状況は，概して良好なものであった。そして，
1960 年から現在までの世界全体の人口成長率は約 2％ であったのに対し，
食料は先進国の生産性の向上や開発途上国の緑の革命等により約 3％ の成長
率を持っていたのであった。また上述のように，穀物の期末在庫率は 1986
年には食料危機時代（1972 年および 73 年は両年とも 15％ であった）のほ
ぼ 2 倍に当たる 28％ にもなっていた。さらに，これまでに予測された多く
の将来展望においても，世界人口の驚異的な増大に警鐘を鳴らしていたが，
技術進歩に信頼を置くかなり楽観的な予測が多かったのも事実であった。

　ところが，オゾン層の破壊等環境破壊とともに，炭酸ガスによる地球温暖
化現象やエルニーニョ現象等による異常気象がアフリカ，アメリカやその他
多くの地域で大きな干ばつを生じさせてきた。1987 年の東南アジアでの干
ばつ，1988 年の北米での戦後最大の干ばつ，1990 年以降ほぼ毎年のように
生じているアフリカの干ばつ等により，世界の穀物の期末在庫率は 18〜19
％ 程度へと，再び大きく低下しているのである。また 1993 年の夏にアメリ
カを襲った大洪水は自然の脅威をまざまざと見せつけたのであった。ミシシ
ッピ川流域の穀倉地帯は壊滅状態となり，穀物価格にも影響を与えたのであ
る。しかし，現在の状況は 1972 年当時とは多くの点で異なっており，簡単
には食料危機の再来はないように思われる。幸いにも穀物価格は前回の食料

24

危機時代のようには騰貴しておらず，食料危機の再来には至っていないのである。

しかし，一方では食料危機はほんの些細なことが引き金となって生じる場合があるという点も事実である。わずか3%程度の減収にすぎなかった1972年の不作も，アメリカ等が生産調整を強力に行っていたゆえ，在庫率が低水準であったこと，ソ連の買付けが多く，憶測が大きく働いたこと等が原因で大きな食料危機となったのであった。また戦前の日本の米騒動の年である1918年も実質農業生産量ではわずか0.9%の減収（前年も4%の減収で，2年続きの減収）であったが，情報網の未発達等が一原因で米騒動が生じたといわれている。それゆえ，低水準の在庫率にある現在も，ほんの些細な誘因により大きな食料危機になる可能性も大いに存在するのである。

1992年にブラジルで地球サミットが開かれ，リオ宣言，アジェンダ21等の採択がなされ，過重な焼き畑による熱帯林の減少，不十分な農地管理による土壌侵食や砂漠化が進行していること等が問題になった。これらは増大する人口に対する食料確保の問題であり，それゆえ環境保全や生態系に注意した持続可能な農業の展開が求められるようになっている。また，国連食料農業機関（FAO）も次のような発言を行っている。すなわち，地球上の生物の4分の1が，今後30年間のうちに消滅してしまうであろう。また20世紀だけで穀物の原種の75%が消えてしまったという。それゆえ，1840年代に100万人以上の餓死者を出したアイルランドのジャガイモ飢饉の例のような，単一種栽培による飢饉の可能性が繰り返されかねないというのである。

また世界的に見ると，先進国で食料過剰問題が存在する一方，開発途上国では食料不足問題が顕在するという大きな不均衡が存在している。すなわち，先進国では輸出補助金付き輸出等に力を入れ，食料過剰問題で頭を悩ましているのに対し，他方では，世界全体で5億人以上の人々が栄養不足状態にあり，5000万人もの飢餓者が存在するという，まことに奇妙な現象が生じているのである。特にアフリカや南アジアのいくつかの国々では，多くの食料に飢えた人々がいるのに対して，アメリカ等では生産性の追求のあまり，過

剰問題が顕在化する中で，土壌流失や塩害等により生産基盤が崩壊するという問題も存在しているのである。

② アフリカの食料危機

　新聞等で知らされているように，アフリカの異常気象による大干ばつ，内戦等による食料供給の不足，さらには 3% を超える人口成長率等により，食料事情はきわめて悪く，深刻な食料危機となっている。アフリカは広大な面積を持つゆえ，農業や食料問題を考える場合，地域を大きく 4 つに分けて考えることが必要であろう。第 1 は北アフリカ地域であり，石油依存型経済の食料問題である。ここでは石油収入をもとに食料輸入を行っている。この地域では外貨があるゆえ，飢餓問題はほとんど生じないであろうと思われる。第 2 はアフリカの角を代表とする東アフリカ地域であり，雨量の問題とともに内戦等により難民化し，大きな飢饉が生じている地域である。第 3 は西アフリカ地域である。この地域はサヘル諸国と呼ばれる地域を含むサハラ砂漠の南縁の部分で，半乾燥地帯であり，植民地時代からしばしば飢饉が生じていた地域である。この地域は，植民地時代の輸出用換金作物の重視，食用作物栽培努力の軽視等により飢饉が生じている地域である。第 4 は南部アフリカ地域であり，この地域も最近の大干ばつで大いに苦しめられているところである。

　この数年間，サハラ砂漠南縁のサヘル諸国と呼ばれる地域，アフリカ東部のアフリカの角と呼ばれる地域，および南部アフリカ等の地域で飢饉が大問題となってきたのであった。その中でも，現在もきわめて深刻な食料危機の状態にあるのがソマリア，ケニア，エチオピアやスーダン等のアフリカの角と呼ばれる諸国，アンゴラ，モザンビーク，マラウイ等の南部アフリカの諸国である。これらはいずれも干ばつと内戦（例えば，ソマリア内戦，エチオピア内戦，スーダン内戦，アンゴラ内戦の再開，モザンビーク内戦等）ないしは干ばつや内戦等による大量の難民の創出および彼らの移動等により広範囲にわたり大飢饉が生じている地域である。ところで，新聞テレビ等でしばしば話題になっているのがソマリアの深刻な食料危機である。ソマリアの約

800 万の人口のうち，4 分の 1 に当たる人々が餓死寸前にあるといわれている。そして人口の約半数かそれ以上の人々が食料援助を必要としており，国民の 6 人に 1 人が難民となって国外に脱出していると報告されている。

その難民の多くはケニアやジブチへと流れ，ジブチには 10 万弱，ケニアには 80 万人にものぼる難民がひしめいているといわれている。ソマリアの首都であるモガディシオでは，家を失った約 24 万人の避難民のキャンプが学校を占拠していると報道されている。一方，スーダンとエチオピアも内戦と干ばつで，700 万人前後の人々が飢えないしはそれに近い食料不足の状態にあるといわれている。特に，スーダンは現在アフリカの中では最も長い 10 年以上の内戦が続いており，多くの人々が難民となり，周辺国を転々としているのである。スーダン南部のコンガ，ワットとアヨドを結ぶ地域は飢餓の三角地帯と呼ばれ，ここから発生した難民はエチオピアのイタングやウガンダのオグジェベやケニアとの国境近くへと流出していくと報じられている。これらのソマリア，スーダンやエチオピアの国々では，生産地帯の戦場化，道路網の破壊，救援活動の阻害等で都市貧困者，農民や難民といった者は深刻な食料不足に陥っているのである。

人口爆発はこれらの内戦や干ばつに輪をかけ，4% のケニアを筆頭に，ほとんどの国が 3% を超える人口成長率となっている。それゆえ，アフリカの飢饉は速水佑次郎流の言葉でいえば[1]，偶発的危機（内戦），循環的危機（干ばつ）とマルサス的危機（人口爆発），さらには植民地時代の後遺症（換金作物に力を入れ，食用作物栽培に対する努力が不足していた）等の複合的要因による危機であることがわかるのである。

③ 旧ソ連，東欧の食料危機と食料問題

旧ソ連の解体以前（例えば 1986～89 年間）には，東欧と旧ソ連を合計すれば，両地域は農産物の純輸入地域であり，その額のほぼ 9 割までもが旧ソ連の純輸入額であった。ところが，1989 年から 90 年にかけての東欧における政治・経済的激変により，計画経済から市場経済へ移行することになった。また旧ソ連はコメコン加盟国に対する支援を放棄した。そして 1991 年 12 月

のウクライナの独立と独立国家共同体（CIS）の成立をきっかけに旧ソ連は崩壊し，市場経済の導入を行うようになった。この混乱により，旧ソ連では1992年の消費者価格の上昇率は対前年比の26倍という超インフレとなった。また国民間の所得格差は拡大し，国民の3分の1は最低生活水準以下の所得しかあげられなくなったと報告されている。肥料をはじめとする生産手段の価格の高騰により，食料供給も大幅に減少し，飼料不足等による畜産部門への打撃も大きく，穀物の調達不足等により農業全体が危機的状況になっている。また農業支持，補助金の停止も農業危機をもたらした大きな要因の1つであった。さらに個人農の創設数は増加しているものの，多くの困難に陥っている。

　周知のように，旧ソ連の領土は広大であり，その崩壊以前から農業生産に関する各地域間の格差は非常に大きいものであった。例えば1990年の1人当たり農産品生産高を例にとると，最低のアルメニア（334ルーブル）は最高のリトアニア（1237ルーブル）の4分の1程度の大きさしかあげていなかったのである。そして，バルト連合諸国であるリトアニア（1237ルーブル）とラトビア（1041ルーブル），その近隣のベラルーシ（1189ルーブル），モルドバ（1032ルーブル），ウクライナ（955ルーブル）と中央アジアではカザフスタン（923ルーブル）のみは比較的に農業生産の良好な地域であった。一方，上述のアルメニア（334ルーブル），タジキスタン（402ルーブル），エストニア（412ルーブル），アゼルバイジャン（467ルーブル），ウズベキスタン（536ルーブル），グルジア（549ルーブル）等，外コーカサス地域や中央アジア地域は農業生産の悪い地域であった。またロシア（695ルーブル）はトルクメニスタン（746ルーブル）やキルギス（686ルーブル）とともにほぼ旧ソ連の平均的な農業生産状況（755ルーブル）の大きさであった。

　食料生産には，従来からこのような大きな地域間格差が存在したのであった。しかし現在のきわめて大きな問題はこの不足する食料の移動を制限する意向が各共和国間に見られるという点である。山積する課題の中で，旧ソ連

28

の現在の最大の脅威は国家の流通制度が崩壊したことである。その結果，穀物の政府調達率はわずか25%という超低率となっている。これらの問題に付け加え，アルメニア，アゼルバイジャンでは1988年以来のナゴルノ・カラバフ民族紛争があり，グルジアでは1978年以来のアブハジア分離運動により食料事情はきわめて悪い状態である。またカザフスタンを除くいくつかの中央アジア共和国では，深刻な食料問題が持続しているといわれている。

　続いて問題となる東欧諸国も旧ソ連とほぼ同様の農業事情を抱えている。ここにおいても旧ソ連と同様，全体としては食料危機に至ってはいないが，内戦や独立運動等により，場所や時によっては深刻な飢えが報告されている。その最たるものはボスニア・ヘルツェゴビナ内戦である。戦況はよい方向に向かうかと注目されてきたが，何十万の人々が餓死寸前の状態であるという。またアルバニアもここ数年来不作が続き，深刻な食料不足状態となっており，栄養失調が乳幼児間で蔓延しているといわれている。このように，世界の穀物在庫率の低下，また地域的にはアフリカやその他の地域で飢餓状態の人々が多く存在しているという点は事実である。しかし，ここ当分は世界的な食料危機が生じる確率はあまり高いものとはいえないであろう。一方地球サミットが開催されたということは，従来の経済至上主義の反省を促し，超長期では人類は食料に関し，環境的な面からも制約を受けることを意味しているのである。また上述のように在庫率の低下や前回の食料危機からはや20年を経過している点等を考えると，ほんの些細な事柄が食料危機を誘導することも十分考えられるのである。天災は忘れた頃にやってくるという諺は飽食とグルメに浮かれているわれわれに対する教訓でもあり，肝に銘じておくべきことでもあろう。

2　食料問題と農業問題

　第1節で見たように，開発途上国ではいまだ多くの人々が飢餓状態をはじ

29

めとする食料不足状態に陥っている。この食料不足問題は通常一般では食料
問題と呼ばれている。それに対し，先進国では食料の過剰状態が問題となっ
ており，それは農業問題ないしは農業調整問題と呼んでいる。この農業問題
ないしは農業調整問題は農業インプット（特に労働力が顕著）がさまざまな
理由によって非農業部門に移動しないことにより，いわば農業インプットが
過剰状態にあることを指している。すなわち，いかなる 2 つの部門において
も，完全競争やその他の条件の下で，すべてのインプットの限界生産力がお
互いに等しくなった場合にパレート最適となることが知られている。その意
味で経済的な意味合いでは，農業インプットが過剰の状態であるということ
は，明らかに経済的なロスが生じているということになるのである。しかし
現実には，政治的，社会的，自然的理由等により，すべてのインプットの限
界生産力がお互いに等しく，パレート最適となっている場合は皆無ともいえ
る状態である。

　また外部経済や地域社会の振興や農業の公益的機能等を考慮すれば，経済
的な面のみでは議論できないというのがウルグアイ・ラウンドでの論争点で
もあった（この点は第 3 章や第 8 章を参照）。いずれにしても，輸出補助金
付き輸出を筆頭とするさまざまな保護を行うことにより，先進国の農産物は
過剰状態となり，農業問題や農業調整問題が大きな問題となっているのであ
る。一方，上で述べたように，アフリカやアジアをはじめとする多くの開発
途上国では，いまだ多くの人々が飢餓状態を含む食料不足状態に陥っている
のである。また農産物に多少の余裕があり，たとえ農産物の輸出国であった
としても，農産物以外にはほとんどめぼしい輸出品が乏しい，多くの開発途
上国は農産物輸出に対し輸出税を課し，農業者を苦しませる結果となってい
る。これは，まさしく先進国の輸出補助金付き輸出で過剰問題を生じさせて
いる点とは対照的なものである。速水佑次郎はこれを農業搾取という言葉で
呼んでいたほどの状態である[2]。このように世界の農業は不均衡発展をしてい
るが，その自然・経済・社会的の要因とともに，政策的要因がその不均衡発展
に大きく加担しているのである。

3 日本農業の成長過程

　それではここで，日本農業がたどってきた発展を見ることにしよう。明治以降の日本農業は世界の雄であり，またアジア型農業の雄として，世界に誇るべき高成長を遂げてきたのであった。しかし，非農業，特に工業部門の戦後高度経済成長期における驚異的な高成長のため，日本農業はあたかも遅れた，いわばお荷物的な産業の典型であるかのような印象を与え，影を薄められてきたのであった。

1 農業の特殊性と日本農業

　第4章で見るように，この日本農業の相対的低成長は農業の特殊性からくるものであり，世界のどの国の農業も工業に比較すれば，成長率が低くなることは常識としてよく知られているのである。明治以降 1970（昭和45）年までの，ほぼ100年間の成長率に限定すると，日本農業は世界一厳しい土地制約を持ちながら，世界一に近い成長率を遂げてきたのであった。また，日本農業は気象条件や自然条件からくる農業生産の不安定性の除去という点においても，大きな進歩をしてきたのであった。第2-1図は資料の揃う1880（明治13）年から高度経済成長期が終わりを告げる石油ショック時直前の1970年までの農業生産量および非農業生産量（これらはすべて実質化されている）の対前年成長率（第2-1図の折線グラフ）と，各10年ごとの平均成長率（折線グラフの中に記されている破線の棒グラフ）を示したものである（安定成長期の農業成長等については第5-1図等を参照されたい）。

　これより，1880年代の10年間には農業生産量は2.4%の成長率を持っていたことが理解できる。それゆえ，この期間に日本農業の生産量は人口成長率（約1%）の2倍以上もの成長を遂げてきたのであった。以後，1890年代から昭和直前の1910年代までの各10年ごとの平均成長率も，それぞれ1.4%，2.2%，3.1%と人口成長率の約2倍の高成長を遂げてきたのである。ま

▨ 第2-1図　農業および非農業生産量と価格の対前年成長率

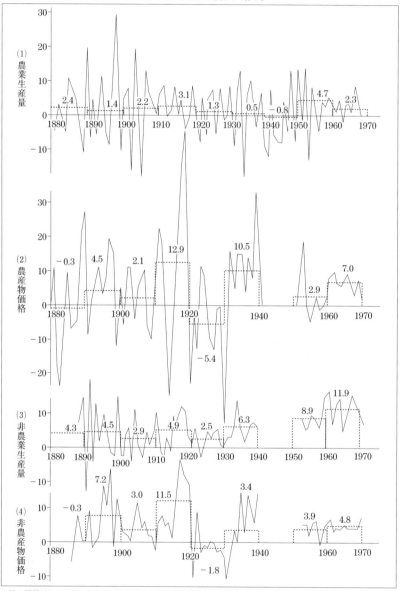

注：折線グラフの中にある棒グラフおよびその上に記述された数字は各10年毎の平均成長率を示すものである。
出所：山口三十四『日本経済の成長会計分析——人口・農業・経済発展』有斐閣, 1982年より加工。

た，第2-1図は日本農業の生産量が，台風，干害，寒害等の気象条件をはじめとする自然条件により，いかに大きな影響を受けていたかをも示すものである。すなわち，この第2-1図を見れば，農業生産量の変動は非農業生産量の変動よりも振幅がはるかに大きいことがわかるであろう。特に明治期の変動はきわめて大きかったことがわかるのである。しかし，その変動も第2次世界大戦後は非常に安定的になってきたという点もこの図より理解できるであろう。これは品種改良や技術革新により自然条件等を次第に克服してきたことを示すものである（最近の値は，付録の付図1と付表1を参照）。

　一方，非農業生産量は1880年代の4.3％をはじめとして，以後4.5％，2.9％，4.9％と各期にわたり農業以上の成長率を持っていたのであった。その意味で第4章で見るように，農業の相対的低成長，ひいては農工間不均等発展が生じていたことを強く印象づけるものである。この点は無機的生産物の生産を行う工業とは異なり，空間的制約（土地の制約）や時間的制約（農産物という有機的生命体を生産する農業は時間的にしばられること）という2大制約を本質的に持つ農業の成長率が低くなるのは当然のことであった。特に，日本のような極端な土地制約を持ち，狭小な農用地面積を持つ農業では，この空間的制約はきわめて大きく働き，工業のような高成長はとても望むことはできないのである。ところで，農産物は必需品という性質上，需要の価格弾力性は非常に小さく，供給側のわずかな変動が農産物価格を大きく変動させるということはよく知られている。第2-1図に示された農産物価格の変動はこの点を如実に表しているのである。図を見ればわかるように，農産物価格の変動は農業生産物の変動以上に大きく，また非農産物の価格変動よりもはるかに大きくなっている。しかし，この図が示す重要な点は，農産物価格の変動も昭和に入り，第2次世界大戦以降になると著しく安定するようになったという点であろう。これは上述の農業生産量の安定化とともに，価格安定政策等の効果が現れてきたことからくるものであろう。このように，明治以降の日本農業は一般的な印象とは異なり，成長率および安定性という2点からも大きな発展を遂げてきたのであった。

② 昭和の農業恐慌と日本農業

ところが，大正後期になると，日本経済は反動恐慌，金融恐慌，さらに関東大震災等と大きな打撃を受けた。第2-1図を見ると，1920年代の非農業生産量の成長率は2.5%と最低の値を示していることがわかるであろう。また農業も大正後期や昭和初期を含む1920年代の成長率は1.3%とそれまでの期間と比較すれば最も低い値を示していることがわかる。しかし，実際には，農業がそれ以上の大きな打撃を受けたのは昭和初期に生じた農業恐慌であった。特に昭和5年の1930年には，農産物価格が大暴落し，農村は深刻な打撃を受けたのであった。この点は第2-1図における1930年の農産物価格が，1918（大正7）年の米騒動時の農産物価格の急騰とは対照的に，大暴落している点からも理解できるであろう。

そして，第2次世界大戦までの農業生産量の成長率は，その後の農産物価格の急上昇にもかかわらず，停滞したままであった。この点は第2-1図の昭和5年から15年までの10年間（1930年代）の農業生産量の成長率が，農産物価格が，10.5%と大きく上昇したにもかかわらず，わずか0.5%という小さな値となっていることからもわかるのである。反対に，この期間（1930年代）の非農業部門は重化学工業等をはじめとして大きな発展を遂げたのであった。第2-1図を見ても，この期間の非農業生産量は6.3%と大きな成長率を持っていたことがわかる。

③ 第2次世界大戦と日本農業

第2次世界大戦は日本の経済や農業にきわめて大きな打撃を与えた。データを見ても，1940（昭和15）年からの10年間の農業生産量の平均成長率はマイナス0.8%となり，各10年ごとの平均成長率では初めてのマイナス成長を記録するようになっているのである。また，この期間の1940年代の非農業生産量は農業生産量とは比較にならぬほどの壊滅状態となったがゆえ，データは存在していないのである。終戦の1945（昭和20）年は，戦時中から続いた肥料不足や労働力不足等のため，日本農業の地力が大きく低下していたのであった。ところが，これらの悪条件の上に，台風等の自然災害も加

わり，厳しい凶作の年となった。第2-1図を見ても，1945年の農業生産量
の成長率はマイナス7.7%となり，3年続きのマイナス成長となっていたこ
とがわかる。

　さらに，海外からの引き揚げ者などによる人口増加も加わり，経済は大混
乱となり，大きな食料危機となったのであった。この時代のヤミ市や超イン
フレは多くの人々にとり，いまだ記憶に新しいところであろう。また1945
（昭和20）年および46年には農地改革が行われ，自作農農家比率は戦前の3
割から8割の水準へと大きく増加したのであった。ところが，昭和20年代
の後半になると，農業も順調に回復し，農業生産量は10%台や20%台の高
成長を示す年も出るようになった（第2-1図）。それゆえ，この期間は戦時
中とともに，他の昭和時代と比べれば，農業者にとっては比較的暮らしやす
い数少ない期間であったともいえるのである。

④ 高度経済成長期と農工間不均等発展

　昭和30年代になり，経済が高度経済成長期に入ると，これまで以上に農
工間不均等発展がより顕著に現れるようになった。第2-1図を見ても，農業
部門の成長はこれまでにない高成長（例えば1950年代の農業生産量の成長
率は4.7%と最大である）を示すようになっている。ところが非農業部門が
それ以上の10%に近い成長率を遂げたがゆえに，農工間の不均等発展がよ
り顕著に現れてきたのであった。そこで1961（昭和36）年には農業基本法
が制定され，非農業所得に見合う農業所得の達成がなされることを目標に置
くようになった。しかし高度経済成長期の昭和35年から昭和45年の1960
年代は，さらに農工間不均等発展の拡大する時期であった。その結果，兼業
化が進み，農業基本法で目指した方向とは逆の，基幹となるべき男子労働力
が流出するという皮肉な事態となったのである。

⑤ 安定成長期と農産物過剰対策

　この高度経済成長も1973（昭和48）年の石油ショックや食料危機で終わ
りを告げ，日本経済は安定成長期と呼ばれる時期を迎えることとなった。そ
して日本経済も他の先進国と同様，石油ショック以降は低成長の時代となっ

た。また食料危機は人口爆発と相まって，改めて自国での農業の重要性を思い知らされる結果となったが，一方ではすでに 1962（昭和 37）年に生じた大豊作により過剰米および古米持越しが大きな問題となり，米価が凍結され，減反政策により需給が均衡されていたのであった。しかしこの食料危機により，1973（昭和 48）年から 3 年続きの米価の大幅な引き上げが実施されたのである。そして，かつては国際分業派と呼ばれた幾人かの経済学者までもが自給率の向上を叫ぶようになった。その意味で，この時期は戦争直後に続き，農業者にとり比較的暮らしやすい時期であったのである。ところが，その後米の需要減退がいっそう進み，再び過剰生産が発生し，減反の強化が行われるようになった。

⑥　農産物自由化と日本農業

　日本経済は安定成長期に入ったものの，財政が悪化し，それにつれて行政改革が行われるようになった。また農業予算比率もかつては 10% 以上の比率を持っていたものが，5% 以下の水準へと低下するようになった。そして経済の発展とともに，アジア型農業の雄であった日本農業は，それまでに追求した高土地生産性を維持しながら高労働生産性をも追求する必要がある発展段階となってきたのである。それゆえ，この変化に対応するには基盤整備に莫大な投資が必要であった。その意味からも，この予算比率の低下は日本農業にとり，まことに遺憾な出来事であった。さらに国際化が進み，日本の貿易収支の大幅な黒字，逆にアメリカがきわめて大きな赤字となり，農産物の輸入が外圧として強く要求されるようになってきた。また円高により縮小傾向にあった農産物の内外価格差も拡大し，外圧とともに内圧も大きなものとなったのである。自給率はカロリー計算で 50% を切り，穀物自給率も約 30% と先進国中最低の比率となっているのである。それに加え，牛肉およびオレンジの自由化に続き，聖域といわれた米の自由化までが決定され，日本農業はこれまでにない厳しい状態となったのである。

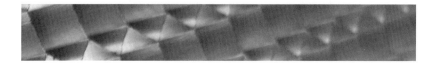

第3章　農産物と米の自由化

1　日本の農業農政批判

　日本農業はかつての行政改革施行時前後には猛烈な農業・農政批判の嵐を受けたのであった。その農業批判を受けた背景は，大きく分けて次の4点であった。すなわち，①日米経済摩擦，②農業保護と農産物輸入制限，③世界の農産物の供給過剰状態，④その他（農家の税金面での優遇，地価の高騰，農協批判，サラリーマン層の割合の増加と農民層の割合の低下等）の4点である。ここでは，まずそれぞれの批判の背景がどのようなものであったかを見ることにしよう。

1-1　日米経済摩擦

　日本の農政批判が生じた第1の背景としては，アメリカの貿易収支の大幅な赤字，および日本の貿易収支の大幅な黒字があげられよう。例えば日本で農業・農政批判が大いになされた1987年のアメリカの貿易収支は1600億ドルを超える赤字となっていた（第1-3図）。このような過大な赤字は，たとえ日本が農産物の輸入を自由化してもとうてい解決できる問題ではなかった

■第3-1表　総合名目農業保護率の国際比較　　　　　　　　　　（単位：%）

	1955	1960	1965	1970	1975	1980
東アジア						
日　　　　本	18	41	69	74	76	85
韓　　　　国	−46	−15	−4	29	30	117
台　　　　湾	−17	−3	−1	2	20	52
Ｅ　Ｃ						
フ ラ ン ス	33	26	30	47	29	30
旧 西 ド イ ツ	35	48	55	50	39	44
イ タ リ ア	47	50	66	69	38	57
オ ラ ン ダ	14	21	35	41	32	27
イ ギ リ ス	40	37	20	27	6	35
デ ン マ ー ク	5	3	5	17	19	25
平　　　　均	35	37	45	52	29	38
非同盟ヨーロッパ						
ス ウ ェ ー デ ン	34	44	50	65	43	59
ス　イ　ス	60	64	73	96	96	126
新大陸						
オ ー ス ト ラ リ ア	5	7	5	7	−5	−2
カ ナ ダ	0	4	2	−5	−4	2
ニ ュ ー ジ ー ラ ン ド		2	0	5	7	−3
ア メ リ カ	2	1	9	11	4	0

注：名目保護率＝ $\dfrac{\text{国内価格評価農業産出額}-\text{国際価格評価農業産出額}}{\text{国際価格評価農業産出額}}$
　　12品目（米，小麦，大麦，ライ麦，とうもろこし，えんばく，砂糖，牛肉，豚肉，鶏肉，鶏卵，牛乳）について計算。EC平均値は，1955〜70年については，デンマークとイギリスを除く4カ国。1975〜80年については6カ国平均。
　　出所：速水佑次郎『農業経済論』岩波書店，1986年より引用。

のである。根本的にはアメリカの経済の問題であり，特に消費過多消費構造および日本の工業品の輸出攻勢に原因があったのである。

1-2　農業保護と農産物輸入制限

　日本農業が過保護であるとの批判はアメリカ，財界やマスコミで大きく取り上げられ，強調されてきた。またこの背景には日本の行財政改革があったことはよく知られている。そして経済学者のみならず，農業経済学者である本間正義や速水佑次郎も内外価格差（第3-1表）の観点より日本農業を過保護論調で述べていたのであった[1]。それに対し，例えば中川聰七郎は次のような反論を行っていた[2]。まず第1に，食生活のパターン，農業生産の形態は各

国それぞれの自然条件や資源の賦存状態，歴史的条件等により異なること，また本間正義の取り上げた 12 品目は日本が割高といわれるものばかりであること。そこで食料費支出を得るために必要な労働時間という指標で再計算してみれば，日本は欧米並の水準になるという数値を示し，反論を行っていた。第 2 は，あまりにも急速な円高による為替レートの変動により，それまでの内外価格差縮小の傾向が破壊されたことが問題を大きくさせたという点である。第 3 は用いた国際価格をあたかも所与のものであるかのように想定しているが，実際は米価を取り上げてもこの 15 年間に大幅な変動があり，最高と最低ではおよそ 7 倍もの差があるという点である。第 4 は日本の農産物輸入依存度は非常に高くなっている。彼らの研究はこれらの点の考慮が欠けていることが問題である。第 5 は有効保護率に対する批判である。中川聰七郎はこれらの問題点をあげて，彼らに強く反論していたのであった。

　また岡本末三[3]もそれぞれの国の制度や生産事情，消費構造等は多様であり，価格支持率で過保護度合を単純に比較するのは無理であるとの反論を行っていた（これらの点は第 2 節でより詳細に考察する）。換言すれば農産物価格は各国独自の価格水準であってしかるべきであり，一定の条件の下で成立している国際価格をもとに農業保護水準をはじき出すことに無理があると主張していたのであった。筆者も中川聰七郎や岡本末三[4]とはまったく異なる観点から本間 = 速水計測および結論の批判を行ってきた。すなわち彼らの計測結果を見ると，日本はむしろ他の先進国と同様の道をたどっており，日本固有の格別に強い農本主義や食料安全保障に対する選好などにより，保護率が高くなっているのではないことが示されているのである。それゆえ，日本の保護率の高さは国際的に共通する変数（比較優位や農業部門のシェア）によりもたらされたものであり，それゆえ，彼らの結果からいえば，日本農業は過保護とはいえないというものである（詳しくは第 2 節を参照）。

　日本の農産物輸入制限に関しては，外国，特にアメリカからもしばしば指摘されていたように日本の農産物の輸入制限品目数が 1987 年まで 22 個もあり，きわめて多くの輸入制限品目を持つ EC（輸入課徴金制度で 64 品目＋

それぞれの国の輸入制限品目，例えばイギリスは 1 品目，フランスは 19 品目，それゆえイギリスで合計 65 品目，フランスでは合計 83 品目）はともかくとして，19 品目（3 品目の輸入制限品目＋ウェーバー商品と呼ばれる 14 品目の自由化義務等免除品目＋食肉輸入法による輸入制限品目の合計 19 品目）のアメリカより多かったことは事実である。それゆえ，この点から日本の農産物市場は閉鎖的であったとよく批判されていたのであった。たしかに，1974 年以来 10 年間以上，制限品目が 22 品目あったという点は反省させられる面もあるだろう（1962 年には 102 品目もあり，その縮小したスピードを考慮すれば）。しかし，一方では日本の穀物自給率は 30% 以下と世界の先進国中最低の水準へと低下しており，かつ世界一の農産物純輸入国となっている。またその量はさらにいっそう拡大しているのである。また荏開津典生がいうように日本農業は欧米諸国の輸出のように補助金を与え，輸出を奨励するというようなアグレシブな保護ではなく，海外からの輸入を制限するというディフェンシブな保護しか行っていないのである。[5]

　その意味で日本は決して閉鎖的とはいえず，むしろ EC やアメリカと比べ，非常に開放的だったのである。円高により急速に世界一の所得国になったとはいえ，22 品目を 1978（昭和 53）年以来制限していたことは反省させられる面もあり，本丸ともいうべき米や牛肉，オレンジを自由化せざるを得なかった点を考慮すればそのようにも思われる。しかし上述のように，アメリカや EC は日本よりもはるかに閉鎖的であり，日本の農産物市場の閉鎖性を批判するのは筋ちがいともいえたのである。

1-3　世界の農産物の供給過剰

　1972〜73 年の食料危機の後は，農産物の需給は緩和の状態となり，それまでの食料危機の経験に基づいた自給率向上という目標は自給力の向上，供給力の向上というように書き換えられてきたのであった。しかし第 3-1 図の米の価格の変動を見ればわかるように，農産物は 10 年から 20 年ぐらいの周期で供給不足状態が現れてくるように思われる。事実 1988 年の米価はかな

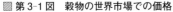
▨ 第3-1図　穀物の世界市場での価格

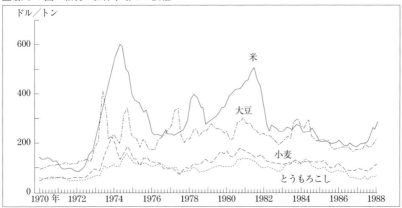

注：米はうるち精米（砕米混入率10%）のタイ国貿易取引委員会公表による月初の輸出価格，その他はシカゴ
　　商品取引所の期近ものであり，各偶数月の第1金曜日の価格。
出所：農水省『昭和62年度農業の動向に関する年次報告』より引用。

り高騰し，1987年の米価の90%増になったのであった。また第2-1図の日
本の農産物の価格を見てもわかるように，価格政策が不十分であった戦前で
は約10年に1度は農産物価格のかなりの上昇が見られていたのであった。
さらに開発途上国での人口爆発や所得水準の上昇による畜産需給の増大を考
慮すれば，予断の許さない状況であろう。この点，飽食グルメの時代に慣れ
た日本の一部の人々の視野は，まことに長期的観点を欠いたものであろう。

1-4　そ　の　他

① 農家の税金面での優遇

　農業・農政批判が生じた大きな原因の1つには，農家所得が非農家所得よ
りも大きく，かつ保護されており，さらに税金面においても優遇されていた
という点があげられていた。すなわち，ここで問題となっているのは一般に
トーゴサンやクロヨンと呼ばれる農家所得の捕捉率の低さであった。この点
に関しては，次のような反論が行われていた。すなわち農家所得が多いのは
家族ぐるみの多就労によるものであり，就業者1人当たりでは非農家の約8
割の低水準にしかならないというものである。また農家の低所得税負担への

批判に対しては，農業所得自体はきわめて低いこと，そして農家世帯員の多くの者が給与所得者として税金を支払っていること等をあげて反論していた。この農業批判は田舎の専業農家に対する批判というよりは，むしろ土地等を筆頭とする資産価値の相違がある大都市周辺の農家に対する批判や羨望というべきものであったのであろう。

② 地価の高騰

大都市周辺での宅地の地価高騰は非常に大きな問題となっていた。そしてこの点が都市周辺農民とサラリーマンとの間の資産格差を目立たせるようになり，多くの人々により批判されていたのであった。また地価高騰はあたかも米価を筆頭とする農業保護によるものであるかのように批判されていた。特に大前研一[6]は「第3次農地解放のすすめ」で大都市近郊 100 km 圏内での米作りをやめるべきであり，それが実現したならば，住宅用地の価格は5分の1から4分の1になるだろうといっていたのであった。また日本で宅地が高いのは，米の値段を政府が高くしているところに一大原因があり，値段を下げれば，競争力のない米を作る農家は減り，ひいては地価も下がると述べていたのである。それに対し，米価と地価との間には相関関係がなく，大前研一の無知さに対する強い批判が，中嶋千尋や農林省によりなされていたのであった。[7]

③ 農協批判

日本農業や農政への批判に劣らず，農協への批判も痛烈であった。第7章で見るように，日本経済の流れで農協は金融機関として機能するよう対応せざるをえなかった面もあるが，金融機関になり下がり，日本農業のために本当に役立っていたのかという批判が大部分であった。

④ サラリーマン層の増加と農業のシェアの減少

農業のシェアは経済が発展するにつれて減少するということはよく知られた事実である。これは農産物の需要の所得弾力性が1よりも小さく，それゆえエンゲルの法則が支配し，その結果農工間不均等発展が生ずるからである。実際のところ，農業労働力の総労働力に占める割合は 1880 （明治 13）年に

は70％程度も存在していたが，経済の発展とともに低下し，現在では6％程度の大きさへと大きく減少したのであった。逆に，サラリーマン層はますます増加しているのである。それゆえ，政治の基盤も大きく変化し，農業の発言権も相対的に弱まってきたのであった。

　以上，農業・農政批判とその背景，およびその吟味等を行ってきた。これらの批判は妥当なものもあるが，当てはまらないものも多くあった。たしかに，日本農業は米の自由化も絡み，現在が大転機の時期にあり，危機的状態であることは事実である。しかし，歴史的に見ても日本はアジア型農業の雄として世界に誇るべき成長をしてきたのであった。ただ現在は急激な円高や内外圧のもとでアジア型農業から，労働生産性を高める新大陸型農業やヨーロッパ型農業の方向へと進まねばならないゆえ，きわめて困難な状態にあるのである。すなわち国民1人当たり農用地面積が先進国中最低の約4aしか存在しないという事実により，高土地生産性を維持しながら高労働生産性を追求せねばならないという点が問題なのである。その意味で世界でまったく未踏のニュー・フロンティア（第1-2図のA点の方向）の開発をせねばならぬところに日本農業の苦渋に満ちた困難があるのである。

2　過保護論争と保護の論拠

　この節では過保護論争と保護の論拠を地形的要因と内外価格差，過保護性の検討および農業保護の論拠の3点から考えることにする。

2-1　地形的要因と内外価格差

　農業が保護されているか否か，また保護されているとすれば，どの程度の保護度合であるかを示す指標として，これまでは国際的にNRP（名目農業保護率）やPSE（生産者補助相当量），AMS（支持の総合的計量尺度）等の計測値が示されてきた。ここでNRPは内外価格差／国際価格と定義され，

元来は地形的要因とあまり関係のない工業品の保護度合を示すために用いられたものであった。また PSE は（内外価格差＋生産補助金）／生産額と定義され，1988 年での日本の PSE は 74 と，アメリカ（34），EC（46），カナダ（43），オーストラリア（10）やニュージーランド（8）と比較して最も高い値であると批判されてきた。ところが，この名目農業保護率 NRP や生産者補助相当量 PSE の値は次の 4 点よりきわめて大きな問題点を含むものである。

　まず第 1 に，これらの計測値は元来は地形的要因を考慮しなくてもよい工業品のものであり，農産物に適用する場合には慎重になることが必要である。また土地の集約的利用が必要な野菜や果物が計測の中に含まれておらず，日本には不利な広大な土地面積を必要とする土地使用型作物の 裸麦（はだか）や小麦の 12 品目のみが計測に用いられている点も問題であろう。すなわち，そのような土地使用型作物では土地制約の大きい日本農業の保護率が高く現れることは当然の結果であろう。しかも，農産物の質の考慮もまったく行われておらず，あたかも同質のものと見なしている点も大きな問題であろう。第 2 に，自給率に対する考慮が払われておらず（ほとんど自給されていない裸麦等の保護率の高さを誇示している），かつ EC の輸入課徴金等の影響を無視している点も問題である。第 3 に，日本の農業保護率が急騰しているが，これは急激な円高によるものであるという点も注意が必要であろう。

　第 4 に，海外では日本の農業経済学者による計測値だということで，速水＝本間による名目農業保護率の指標が[8]，日本農業批判の材料として利用されている。しかし，逆説的であるが，過保護であると批判する速水＝本間モデルの計測結果では，日本農業はむしろ過保護ではないとの結果が得られているのである。問題が重要なだけに，ここでは少し専門的になるが，この点のより詳細な説明をすることにしよう。すなわち，世界各国のクロスセクション・データを用いて計測した速水＝本間の結果によれば，名目農業保護率は農業の比較優位性（農業労働生産性／経済全体の労働生産性）および国際交易条件（国際農産物価格／非農産物価格）が高くなれば低下するという結果が得られている（第 3-2 表のマイナスの値がそれを示している）。また経済

■第3-2表　農業保護係数の変動を説明する回帰式の計測結果

	回　帰　式　番　号					
	(1)	(2)	(3)	(4)	(5)	(6)
回 帰 係 数						
比 較 優 位（$\ln C$）	−0.293‡	−0.251‡	−0.348‡	−0.316‡	−0.334‡	−0.310‡
	(−7.44)	(−7.54)	(−11.59)	(−11.73)	(−12.14)	(−12.52)
農業の比重						
労 働 力 比 率（$\ln S_l$）	0.502‡		0.515‡		0.496‡	
	(3.67)		(4.70)		(4.57)	
GDP 比 率（$\ln S_y$）		0.360‡		0.330‡		0.322‡
		(3.88)		(3.62)		(3.58)
$(\ln S_l)^2$	−0.135‡		−0.144‡		−0.139‡	
	(−4.46)		(−6.76)		(−6.66)	
$(\ln S_y)^2$		−0.130‡		−0.132‡		−0.129‡
		(−5.39)		(−6.14)		(−6.14)
国際交易条件（$\ln T$）	−0.548‡	−0.632‡	−0.615‡	−0.740‡	−0.611‡	−0.735‡
	(−3.02)	(−3.85)	(−3.58)	(−4.50)	(−3.55)	(−4.49)
ダミー変数						
EC ダ ミ ー（E）	0.085†	0.101‡				
	(2.20)	(2.84)				
非同盟ダミー（N）	0.112†	0.163‡				
	(2.01)	(3.28)				
NICS　ダ ミ ー（A）	0.031	0.045				
	(0.35)	(0.60)				
日 本 ダ ミ ー（J）	0.017	0.069	−0.070	−0.038		
	(0.24)	(1.06)	(−1.14)	(−0.65)		
定 　数 　項	8.033	8.430	8.614	9.281	8.555	9.237
自由度修正済決定係数（$\bar{R}^2$）	0.707	0.747	0.696	0.714	0.695	0.716
回帰の標準誤差（SER）	0.128	0.119	0.130	0.126	0.131	0.126
S の臨界値（%）	6.4	4.0	6.0	3.5	6.0	3.5

注：‡　1% 水準で統計的に有意。
　　†　5% 水準で統計的に有意。
出所：第3-1表と同じ。

発展が進み，農業のシェアが小さくなるにつれ，第3-2図の右図が示すように，保護率は次第に高くなり農業のシェアが6% 段階でピークに到達するが，その後は次第に低下するという結果が得られている［第3-2表の回帰式番号(1)の2次係数のマイナス，1次係数のプラスの値がそれを示している］。統計によれば，日本経済は現在がまさしくこのピーク時の近辺（農業労働力比率が約6%）にあり，それゆえ保護率が高くなっているのである。また第3-2表のダミー変数の日本の値は0.017と最も小さく，しかも有意でない（カ

ッコ内の t 値が 0.24 でおよその目安になる 2 よりもはるかに小さい結果が得られている）。それゆえ，速水＝本間の計測結果によれば，現在生じている日本農業の保護率の上昇は日本特有の要因（農本主義や安全保障への強い選好等）ではなく，国際的に共通する要因である農業の比較優位性の低下，農業部門の相対的縮小，農産物の工業品に対する国際条件の悪化によるものであるとの結果が得られているのである。

　日米貿易摩擦が大きな問題となるにつれ，日本農業はあたかも両国の問題を引き起こす元凶のごとく槍玉にあげられてきた。しかし第 3-2 図を見ればわかるように，日本と同様，土地条件の劣悪なスイスや韓国は日本以上のはるかに高い保護率を持っているのである。そして速水＝本間の計測値より，経済発展の段階を考慮すれば，国際的に見て，日本農業はまさしく先進国がたどった道を歩んでおり，日本農業の保護水準のみが特別に高いというわけではないとの結果が示されているのである。その意味で保護率が最も高くなる時期に日米貿易摩擦が生じたことは，日本農業にとり誠に不幸なことであった。先進国中最低の自給率を持ち，最大の農産物純輸入国であること，しかも後継者が育たず，かつ 1978（昭和 53）年以降の生産農業所得は絶対的な縮小を余儀なくされている点等の側面から見ても，過保護性の批判は当てはまらない面が多いのである。

　ところで，これらの値はいずれも内外価格差に焦点を当てたものであった。しかし，内外価格差は保護要因によるというよりは，むしろ地形的要因により決定されるものである。この点は次のよく知られた図を使い世界にもっと理解させる努力をすべきだったのである。すなわち，第 3-3 図は農用地率と農業就業者 1 人当たり農用地面積との間の相関を示したものである。この図のオセアニア平均，西欧平均，世界平均とアフリカ平均等の線を結べば，この両者には正の相関がある（農用地率が上昇すれば規模は拡大する）ことがわかる。日本はこの線よりも上方にあり，農用地率に比較して農業就業者数が特別に多いとはいえないことがわかる。一方第 3-2 図の左図は上述のように，農業の比較優位性（農業労働生産性／非農業労働生産性）と名目農業保

■ 第 3-2 図　各国の農業保護率とそのパターン

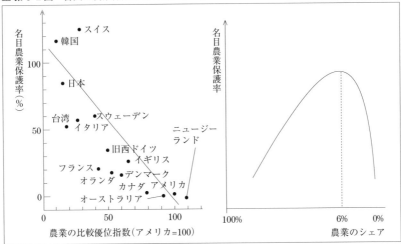

出所：速水佑次郎『農業経済論』岩波書店，1986 年の引用（左図）とその計測結果の筆者による図示説明。なお右下がりの線は筆者により加筆。

■ 第 3-3 図　農業就業者 1 人当たり農用地面積と農用地率（1984 年）

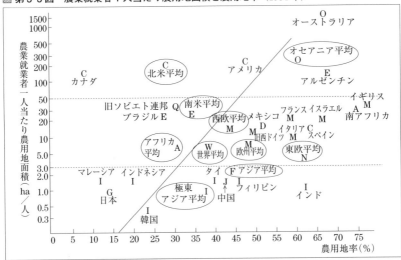

出所：21 世紀会編『日本農業を正しく理解するための本』農林統計協会，1987 年 141 ページより引用。右上がりの線等は筆者により加筆。

護率（内外価格差／国際価格）との関係を示したものである。これより全体として，右下がりの線が得られ，比較優位性が上がれば名目農業保護率が下がることがわかる。就業者 1 人当たり農用地面積が大になれば農業の規模が拡大し，比較優位性が大きくなることは自明であろう。それゆえ，以上の分析より，内外価格差（農業保護率）は農用地率が小であれば大きくなるという関係が証明され，地形的要因が内外価格差にはきわめて重要な影響を持っていることがわかるのである。

2-2　過保護性の検討

　これまで日本農業は過保護であるとしばしばいわれてきた。ここでは，この点の検討をいくつかの指標で行うことにしよう。まず第 1 に，上述のように内外価格差を用いた速水 = 本間の計測モデルによれば，日本のダミー変数の値は小さく，t 値も有意ではないという結果が得られたのであった。すなわち日本の内外価格差が大きいのは，日本に固有の農本主義や食料安全保障への選好等によるものではなく，国際的に共通する変数である農業の比較優位性や農業の比重の変化によるものであるとの結論が得られたのであった。この点からも，日本の農業は過保護（内外価格差が大きすぎる）ではないという点が，具体的な数値として示されたのである。第 2 に，日米欧の農業予算比率に関し，国家予算に占める農業予算のシェア，農業総産出額に対する農業予算の割合を見ても，日本は他の先進国よりはむしろ小さい方であるということが数値で示されているのである。

　第 3 に，第 3-3 図より日本は世界的な観点から見ても，農用地率に比べ農業就業者が過多であるということはないことがわかるであろう。かつ名目農業保護率（内外価格差）は日本と同様地形的に厳しさを持ち，比較優位性のほぼ等しい韓国やスイスのものに比べるとはるかに小さい（第 3-2 図）ということもわかるのである。しかも重要なことは，数値で具体的に示されたという事実である。第 4 に，荏開津典生のいう攻撃的保護率（名目保護率×自給率）においても日本は過保護ではないとの結論が数値で示されたのであっ

た。これらの結果より，第1に，農業保護度合を内外価格差で見ることは大きな問題を含むこと。第2に，たとえ内外価格差で見ても，日本は過保護ではないとの結論が多くの数値で得られているのである。この点は国際的にも国民にも理解してもらえるよう，より強力にアピールすべきであった。

2-3　農業保護の論拠

　すでに見たように，多くの人々により，日本農業はしばしば過保護であるといわれてきた。実際，日本農業が過保護であるという一面があることは隠すことのできない事実であろう。しかし上述のように，アメリカや欧州は日本以上のはるかに大きな農業保護を行っており，その額も増大させているのである（第3-4図）。そして，上述の議論や日本の自給率の極端な低さを考慮すれば，日本農業は決して過保護であるとはいえない状態である。すなわち繰り返していえば，日本で特に問題とされている農業保護は，先進国のすべての国々で日本以上により強力に行われているものである。それゆえ，ここでは世界の先進国が競って行っている農業保護にはどのような論拠があるかという点について改めて考えることにしよう。農業保護の論拠としては，[9]次のような点が考えられよう。①食料の安全保障，②環境・国土の保全，③

▨ 第3-4図　各国の農業関係予算額の推移

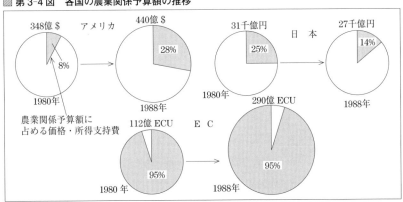

出所：農業と経済編集委員会他編『図で見る昭和農業史』富民協会，1989年の松久勉論文より引用。

幼稚産業的保護，④所得不均衡の是正，⑤農産物価格の安定，⑥地域社会および地域経済の振興等。以下ではこれらの点について考察することにする（第8章ではこれらの点に付け加え，高齢・女性労働力雇用調整機能と社会保障的柔構造[10]という点について展開を行っている）。

　第1の食料の安全保障が保護の論拠となるのは次のような理由によるものである。すなわち，食料は水や空気と同様，人間にとり存在しなければ生きてゆけない物である。この点は石油とはまったく異なる性質を持つ。それゆえ世界各国を見てもどの国も基礎的な食料は安全保障のために自給に努めているのである。この食料の特徴は後述のように，生産者や農水省や農協等の農業関係者のみならず消費者代表の清水鳩子，元社会党委員長の土井たか子や作家の野坂昭如等も強く訴えているのである。また，日本の1980（昭和55）年10月の農政審答申「80年代農政の基本方向」においても食料安全保障の必要性が強調されていた。しかし1986（昭和61）年の農政審の報告では食料の自給力が食料の供給力へと書き換えられ，食料安保という項目は削除されたのである。たしかに1990年代は世界的に見れば農産物は過剰の状態である。しかしながら，長期的に見れば，いまだアフリカや南アジアに見られる人口爆発や豊かさからくる畜産物の消費の増大による食料需要の増大等は食料需給に予断を許さぬものであろう。また安全性の面から見ても，またパニック状態になることを避けるという面からも基礎的食料は国内で自給すべきだと土井たか子や清水鳩子も主張するのである。

　第2の環境・国土の保全が保護の論拠となるのは次のような理由によるものである。すなわち，農業の保水機能や準公園的効用，換言すれば国土・環境保全機能等の公益的機能等についてはすでに多くの人々により述べられている。例えば農家労働力が圧倒的多数を占める農業地域の森林の効用を含めた農林生態系の環境保全機能には，水の保全（土地侵食の防止，土砂災害の防止等），大気の保全（大気の浄化，酸素の供給，気候緩和等）や緑空間の維持（美しい農村の景観維持，避難地の提供等）等の外部経済効果が認められるのである。これらの外部経済効果を測定した結果を見ると，GNPの約

50

15% にも当たるとの報告がなされている。[11] またこの公益的機能に対する評価は農業者や農水省および農協等の農業関係者のみならず非常に幅広い層からの支持を得ているのである。例えば後に見るように作家の野坂昭如，消費者代表の清水鳩子，一橋大学教授の室田武，哲学者で京都国立博物館館長の上山春平らは，これらの効用を高く評価しているのである。

　第3の幼稚産業的保護が保護の論拠となるのは次のような理由によるものである。すなわち，すでに見たように，日本農業は明治以降，集約的農業あるいは土地生産性を高めるアジア型農業の雄として世界に君臨していたのであった。そして，土地が稀少な日本としては土地が生産要素の中のボトル・ネックとなり，それをカバーするために肥料等を多く用いる生物・科学的技術（BC 技術）を通した高土地生産性追求の方向へと進んできた（第1-2図および第6-5図を参照）のは当然のことであった。しかし，戦後の高度経済成長期に入り，労働力の過剰経済から不足経済へと移行し，経済の転換点を通過した日本は，狭小な土地に加え労働力も制限要素となるようになった。それゆえ，高土地生産性を保ちながら労働生産性を高める方向へと進むことが必要となったのである。すなわち，アジア型農業からその高土地生産性を保ちながらヨーロッパ型農業，新大陸型農業の方向へと進む必要が出てきたのであった。それゆえ，かつてない至難のわざの新しい技術のフロンティアの創出が必要となっているのである。換言すれば，国民1人当たり約 4a という先進国中最低の農用地面積しか持たない日本は高土地生産性のレベルを無視し，新大陸型農業のように労働生産性のみを高めるというわけにはいかないのである。それゆえ，高土地生産性を維持しながら高労働生産性を追求するというまったく新しいニュー・フロンティアの創出のため，日本農業は基盤整備をはじめとする大改革をしなければならず，その意味で幼稚産業的保護が必要なのである。行革による農業予算比率の減少はその点で時代に逆行するものである。

　第4の所得不均衡の是正が保護の論拠となるのは次のような理由によるものである。すなわち，日本農業・農政批判の大きな原因となったものとして，

日本の農産物の内外価格差が大きいという点と過保護であるという2点があげられていた。この点に関する問題はすでに述べているが，内外価格差を縮めるには日本の農業の労働生産性を高め，比較優位性（農業労働生産性／非農業労働生産性）を上昇させ，所得不均衡の是正を図る必要があったのである。この農業労働生産性を高める変数としては筆者のモデル結果より，農業技術進歩，非農業技術進歩，総資本ストックの3変数であることがわかっている（第8章参照）。しかしながら，このうちの非農業技術進歩，総資本ストックは農業労働生産性を高めはするが，それ以上に非農業労働生産性を高めるゆえ，結果として比較優位性を下げることになるのである。それに対し，農業技術進歩は比較優位性を上げる働きを持っているのである[12]。それゆえ，現在の日本農業にとり，最も重要なことは農業技術進歩を生じさせることであるが，この農業技術進歩を開発し普及させるには多くの投資が必要であり，ある程度の保護が必要となってくるのである。

　第5の農産物価格の安定が保護の論拠となるのは次のような理由によるものである。すなわち，農産物の需要の価格弾力性は小さく，それゆえ価格の変動は非常に大きなものとなっている。前に見た第2-1図はこの点を見るために農産物価格と非農産物価格の対前年成長率を対置して書かれたものである。これを見れば，いかに農産物の価格変動が大きいかがわかるであろう。特に1918（大正7）年の米騒動は大幅な価格騰貴が，逆に1930（昭和5）年の農業恐慌時には大幅な価格低下が生じていたことがわかるのである。また，同図は農業生産量および非農業生産量の対前年成長率をも示している。この第2-1図より，自然条件や気候の影響を受けやすい農業が非農業に比較していかに大きな変動を余儀なくされてきたかが理解できるのである。しかし，この価格と生産量の両者を比較すれば，農業生産量の変動以上に農産物価格の変動が大きいことがわかるであろう。この点は農産物の低価格弾力性から価格変動が自然条件等による生産量の変動以上に大きくなったためであると考えられる。一方，戦後を見ると，農産物価格の変動はきわめて小さなものとなっている。この点は多くの問題を露呈しているが，食管制度を含めた農

産物価格政策が価格の安定性という面では成功していることを示すものである。

　第 6 の地域社会および地域経済の振興が保護の論拠となるのは次のような理由によるものである。すなわち，周知のように日本は太平洋ベルト地帯に経済や人口が激しく集中し，特に東京一極集中が大きな問題として取り上げられてきた。しかし他の地域（北東北，南九州，山陰，東山，四国，南東北，北関東，北九州，北海道，北陸等）においては農業等の第 1 次産業がいまだ大きな役割を果たしているのである。なかんずく北東北では第 1 次産業の就業人口比率が 25% 程度もあり，南九州や山陰は 20% 程度も存在しているのである。このように面積的にいえばはるかに大きな比率を占めるこれらの地域は第 1 次産業以外の兼業機会に乏しく，その意味で地域活性化のために農業は不可欠であろう。この点は農業の国土保全とも関連し，その意味からも農業の重要性が指摘できるのである。

3　農産物と米の自由化

　よく知られているように，日本経済は貿易摩擦と円高の嵐にさらされてきた。すでに見たように，1960 年代の前半までの日本経済は経常収支が赤字であり，かつ各国は安全保障政策を最優先させていたのであった。ところが，1960 年代の後半から日本の経常収支が黒字に転じ，それにつれて貿易摩擦問題が浮上するようになった。まず繊維が貿易摩擦問題として問題化し，鉄鋼，テレビへと対象が広がっていったのである。しかし，1973（昭和 48）年の石油ショックにより，貿易摩擦問題は小康状態となったのであった。その後，第 2 次石油ショックまでは黒字が増大し，貿易摩擦は自動車，ハイテク産業へと広がったのである。そして農産物の牛肉・オレンジの輸入にまで圧力が強まってきたのであった。1980 年代に入ると，自動車や半導体等のハイテク産業，金融・資本市場等のサービス分野，弁護士活動や通信サービ

ス，建設市場への参入要請等へとさらに範囲を拡大させてきた。そして農産物の自由化への圧力が従来以上に強くなり，12 品目の農産物自由化要求や牛肉・オレンジの自由化要求，さらには米への自由化要求圧力となってきたのである。この中でも，牛肉とオレンジの自由化は日本農業にとり本質的な影響を与えたものであった。そこでこの牛肉とオレンジの自由化について検討することにし，続いて米の自由化について考察することにしよう。

3-1　牛肉・オレンジの自由化

　1991 年の牛肉・オレンジの自由化，1992 年のオレンジ果汁の自由化は，日本の牛肉およびミカン市場に大きな打撃を与えている。オレンジの自由化や，1971 年に自由化されたグレープ・フルーツは，ミカンの栽培面積や生産量を最盛期の水準の半分へと低下させたのであった。そのため，ミカンの価格は最低であった 1972，73 年の 3 倍以上にも高騰した。しかし，1992 年のオレンジ果汁の自由化およびオレンジ輸入の急増はミカンの価格をその前年の半値へと低下させている。ミカン以上にはるかに深刻なのが牛肉市場である。牛肉の輸入量は急増し，1993 年以降いっそう低下する関税の影響等を考えると，自給率は 40% 台かそれ以下の 30% 台へと低下するのではないかと危惧されている。そこで，ここでは，牛肉・オレンジ自由化の経緯，位置づけ，影響や展望を見ることにしよう。

① 牛肉・オレンジ自由化の経緯

　世界経済は 1930 年代の大恐慌時代に保護主義的側面を強く打ち出すようになった。しかし第 2 次世界大戦後になると一変した。1944 年にブレトンウッズ協定がなされ，翌年には国際通貨基金（IMF）と世界銀行が，1947 年にはガット（関税および貿易に関する一般協定）が誕生したのであった。それにともない，1959 年の IMF 総会やガット総会で，日本の輸入制限政策が大いに批判されるようになった（ここで問題の牛肉の輸入割当枠は 1959 年には 3000 トンのみであった）。そこで，政府は 1960 年 6 月 24 日に「貿易為替自由化計画大綱」を発表し，農産物の自由化に大きな影響を与えること

となった。また 1963 年には IMF8 条国へ移行し，翌年にはガット 11 条国宣言と OECD（経済協力開発機構）への加盟を果たし，開放経済体制への移行を急速に進めていった。

1964 年から 67 年までのケネディ・ラウンドでは，アメリカは EC と農産物交渉に入り，大きく対立したのであった（日本の牛肉の輸入枠も 1967 年には 1 万 9000 トンへと増加した）。そして日本に対しても，残存輸入制限品目を減少させるよう要求するようになった。1968 年のガット総会を前に，ジュネーブで日米会議を開き，日本の残存輸入制限品目は著しく多く，日本が自由化に応じなければ，対日報復措置を取らざるをえないであろうという強い態度を表したのである。そして，この 1968 年の日米会議で，アメリカは 38 品目の自由化を要求した。その中には，ここで問題とする牛肉とオレンジを含む 15 品目の農林水産物（オレンジ，オレンジジュース，グレープ・フルーツ，パインかん詰，パインジュース，トマト加工品，牛肉，豚肉，食肉加工品，インゲンマメ，ソラマメ，雑豆，チューインガム，スケソウダラ，配合飼料）が含まれていたのであった。それゆえ，牛肉・オレンジ問題にとり，1968 年は国際的な圧力を受けた衝撃の年であった。

また同年 11 月のガット総会では，ニュージーランドが残存輸入制限品目の自由化を提案し，アメリカ，カナダ，オーストラリアや多くの発展途上国が支持した。しかし総合農政により米の転換農産物として果樹，畜産物を指摘していた日本，EC や北欧諸国が消極的態度をとり，ガット理事会で継続討議されることとなった（牛肉の輸入枠は 1968 年には 2 万 1700 トンであった）。しかし国際情勢はきわめて厳しく，対日差別を撤廃するために，12 月 17 日の閣僚会議で「輸入自由化促進について」が決定され，これにより残存輸入制限品目は大きく減少させられたのである。そして 1971 年にはついに生きている牛，豚，豚肉，ソーセージ類やグレープ・フルーツ等，牛肉，オレンジに関連した農産物を含む 12 品目の農林水産物の自由化が行われたのであった。

この 1971 年の自由化は牛肉やミカン農家には，はかりしれない打撃を与

えた（第 1-3 図で示したように，牛肉の輸入枠も 3 万 7200 トンとなった）。翌年の 1972 年 2 月 10 日，日米両国は「国際経済関係に関する共同宣言」を，続く 11 月にはアメリカと EC とが共同宣言を発表した（牛肉の輸入枠は 7 万 7830 トンへと急増した。オレンジはグレープ・フルーツの自由化により，合計枠から独立してオレンジだけの枠 1 万 2000 トンとなった）。そしてこれらが東京ラウンド（1973〜79 年）の実質的な出発点となったのである。しかし石油ショック等の経済停滞により，4 年ほどの間は自由化の促進が大幅に遅れることとなった。

　ところが第 1-3 図で示したように，1977 年にはアメリカの貿易収支は 300 億ドル以上の赤字となった。それゆえ，同年 5 月のロンドンでの 7 先進国首脳会議では，関税の引き下げや農産物貿易の拡大などを進めることが合意されるようになった（牛肉枠は 9 万 5000 トン，オレンジ枠は 1 万 8000 トンとなった）。また同年 9 月には日米通商交渉が開始されたが，この交渉は日米経済調整を主眼とするものであった。そして農産物の輸入制限は不公正の象徴として位置づけられたのであった。この背景には，上述のアメリカの貿易収支の大幅な赤字とは対照的に，日本の貿易収支が約 100 億ドルの黒字（第 1-3 図）となったことがあった。それゆえ，この交渉では農産物の輸入制限の撤廃も強く要求されるようになったのである。そこで 1977 年 12 月 1 日には，経済対策閣僚会議を開き，関税の前倒し・引き下げ，農産物の輸入自由化および輸入枠の拡大，貿易に影響を与える諸問題の改善等が決定されるようになった。

　牛場対外経済担当相の訪米後，政府は対米折衝内容を発表した。しかし，アメリカはきわめて強い不満を持ち，多くの困難な交渉の結果，翌年の 1978 年 1 月 13 日，ついに日米共同声明を発表した。しかし，1978 年になり，日米間の貿易収支のギャップはアメリカが 339 億ドルの赤字，日本がほぼ 200 億ドルの黒字へと，さらにいっそう拡大した（第 1-3 図）。それにともない，1 月下旬のガット閣僚会議，4 月の牛場 = ストラウス = ハフエルカンピ日，米，EC 代表の三者会談，5 月の福田 = カーター日米首脳会談，牛場

＝ストラウス会談が行われることとなった。また東京ラウンドで未解決であった日米農産物貿易交渉の再開のため，9月にワシントンで中川＝ストラウス会談が開催されたが，物別れとなった。そして中川＝マンスフィールド会談で，12月5日に牛肉・オレンジの自由化問題と，1980年から83年までの輸入枠に政治的決着がつけられた（1978年以降83年までの輸入枠は，第1-3図で示したように，牛肉は10万トン以上となった。またオレンジも4万5000トンから8万2000トンへと急増した）。

　この東京ラウンドで，牛肉・オレンジの1983年度までの輸入枠の合意がなされ，1984年度以降は83年4，5月頃に再び協議することになっていた。しかし，その後アメリカはこの合意を無視し，1982年10月に牛肉・オレンジの自由化について交渉を再開することを要求してきたのであった。しかも1983年のアメリカの貿易収支の赤字は671億ドル，84年には1125億ドルにもなった（第1-3図）。それにともない，1983年の金子＝ブロック会談では，牛肉・オレンジ等の農産物問題を精力的に交渉することが要求された。そして1984年4月7日ワシントンで，山村＝ブロック間で日米合意がなされ，1984年から87年までの輸入枠（第1-3図）が決められたのであった（1984年から87年までの輸入枠は，牛肉は15万トンから21万4000トン，オレンジは9万3000トンから12万6000トンへと急増）。この交渉は非常に難航し，一時は決裂状態となり，山村農水相も帰国を決意したほどであった。

　その後，経済事情は最悪の方向に向かっていった。アメリカの貿易収支の赤字は1987年には1595億ドルにまで増大し，逆に日本の黒字は800億ドルにも達するようになった（第1-3図）。そして12品目の自由化がガットで提訴され，1988年2月2日パネル裁定を条件付で受諾した。牛肉・オレンジの自由化に関する山村＝ブロック合意に関しても，1988年からは自由化に入ると解釈するアメリカと日本とで大きな対立があった。しかし12品目のガット裁定を考えれば，日本に勝ち目はなく，1988年6月20日ついに牛肉・オレンジ自由化（1991年4月1日に自由化，オレンジ果汁は翌年に自由化，また1988年から1990年までの輸入枠は，第1-3図に示すように，牛

肉はそれぞれ 27 万 4000，33 万 4000，39 万 4000 トン，オレンジは 14 万 8000，17 万，19 万 2000 トン）の日米合意，24 日に日豪合意に達せざるをえなくなったのであった[13]。

② 牛肉・オレンジ自由化の位置づけ

　それでは，以上のような経緯で行われた牛肉・オレンジの自由化の位置づけについて考えることにしよう。まず第 1 は，マクロ経済における位置づけである。牛肉・オレンジの自由化は上述のように，1978 年および 88 年が日米ないしは日豪合意の行われた年であり，決定的に重要な年であった。そして輸入枠も大幅に増加したのであった。また，1978 年にはアメリカの貿易収支は 339 億ドルもの赤字に，逆に日本は約 200 億ドルもの黒字を示すようになった。それゆえ，貿易摩擦が一段と大きな問題となった時期に当たっていたのであった。また 1984 年にはその格差がさらに拡大し，アメリカの貿易収支の赤字は 1000 億ドル以上にもなり，日本の黒字も，300 億ドル以上となったのである。その度合いは 1987，88 年にはきわめて大きなものとなり，1987 年のアメリカは約 1600 億ドルの赤字，日本は約 800 億ドルの黒字となった（第 1-3 図）。しかも，1987 年には日本の 1 人当たり所得がアメリカを凌駕したことも，アメリカには耐えがたいものであった。このような背景のもとに，12 品目の農産物の自由化に続き牛肉・オレンジの自由化までもが強行されるようになったのである。

　第 2 の位置づけとしては，オレンジは果実輸入量ではバナナに次ぐ地位を，グレープ・フルーツとともに争っているということである。また牛肉の輸入も，肉類の中では豚肉や鶏肉よりも多く，最大の輸入量を持っていたのである。一方，オレンジの自由化により大きな影響を受ける温州ミカンの生産量は，果実の中において最大のものである。いずれにしても，ミカンや牛肉は日本の果実や肉類の中の王者ともいわれるものであり，その自由化は日本農業に甚大な影響を持つものであった。第 3 の位置づけとしては，12 品目中の 8 品目の自由化がすでに行われたゆえ，アメリカの次の目標は牛肉とオレンジであった。すなわち，牛肉とオレンジは国家貿易品目である米を除くと，

▨ 第3-3表　果実と肉類の輸入量

	1070 年	1080 年	1000 年
	万 t	万 t	万 t
バナナ	84.4	72.6	75.8
グレープ・フルーツ	0.2	13.5	15.7
オレンジ	―	7.1	14.5
パインアップル	3.6	10.5	12.8
レモンライム	5.4	10.1	10.4
キウィフルーツ	―	―	5.9
く　り	1.5	2.4	2.9
スィートアーモンド	0.4	0.9	2.1
ブドウ	―	2.3	1.2
プルーン	0.1	0.3	1.1
牛　肉	3.3	17.2	54.9
豚　肉	1.9	20.7	48.8
鶏　肉	1.2	8.9	29.7

出所：大蔵省関税局編『日本貿易月報』より作成。

▨ 第3-4表　牛肉・オレンジ等の生産および輸入量

〈牛肉〉	輸　入	生産量	自　給　率
	万 t	万 t	%
1965 年	1.1	19.6	95
1970 年	3.3	28.2	90
1975 年	9.1	33.5	81
1980 年	17.2	43.1	72
1985 年	22.5	55.6	72
1990 年	54.9	55.4	51

〈柑橘〉	輸　入 オレンジ (1)	グレープ・フルーツ (2)	生産量 温 州 みかん (3)	自給率 (3)/{(1)+(2)+(3)}
	万 t	万 t	万 t	%
1965 年	0.1	―	133.1	100.0
1970 年	0.4	0.2	255.2	99.8
1975 年	2.2	14.7	366.5	95.6
1980 年	7.1	13.5	289.2	93.4
1985 年	11.2	12.1	249.1	91.4
1990 年	14.5	15.7	165.3	84.6

出所：農林水産省『食料需給表』および大蔵省関税局編『日本貿易月報』より作成。

最大の目玉商品であったという点である。すなわち残存輸入制限品目は水産物（3品目）と牛肉とオレンジ以外では，8品目（灰色裁定の雑豆，落花生，自由化を拒否した脱脂粉乳等の乳製品とデンプンの4品目，さらにはコンニャクイモ，ミルク・クリーム，米麦の粉，米麦のミール等の4品目）のみであり，12品目の自由化の後は，牛肉とオレンジの自由化が待ちかまえていたのであった（第3-3，第3-4表の最近値は後出の付表2と3を参照）。

　第4の位置づけは，米問題とのつながりである。すなわちアメリカ等にとり，牛肉・オレンジの自由化の次は，主食の米が最大の標的であった。ガットにおいても，米は聖域と思われていた時代は過ぎ去ったのである。つまり農産物12品目問題で，国家貿易品目である粉乳がクロと判定された点，また牛肉・オレンジが自由化されたという2点から，次は米の自由化への圧力がきわめて強い形で形づくられることが予想されたのであった。第5の位置づけとしては，先進国中最低の自給率を持つ日本で米，野菜，果物と畜産物（飼料を輸入に依存）の4分野の農産物は，かつてはほぼ自給できた数少ない農産物であった。ところが，オレンジをはじめとする果物の自由化等の影響により，果物の自給率は1990（平成2）年には63％の水準へと大きく低下したのであった。また肉類の自給率も1985（昭和60）年には81％であったのが，1990（平成2）年には70％へと低下した。特に牛肉は1990（平成2）年には51％の自給率へと大きく低下したのである。それにともない，生産農業所得も1975（昭和50）年の5兆2054億円の水準から1988（昭和63）年には4兆円程度へと減少したのであった。現在の実質生産農業所得の水準は，昭和20年代の水準へと，常識では考えられない水準へと凋落しているのである。この牛肉・オレンジの自由化に関しては，以上のような位置づけを行うことができるであろう。

③　牛肉・オレンジ自由化の影響と展望

　続いて，牛肉・オレンジの自由化の影響と展望について見ることにしよう。牛肉の輸入量は上述の輸入枠があったため，1975年までは枝肉ベース（部分肉はその約8割）で10万トン以下，82年までは20万トン以下，また86

年までは30万トン以下の状態であった。しかし1989年には52万トンとなり，1990年には約55万トンとなった（第3-3表）。一方，国内生産は1968年までは20万トン以下，70年までは30万トン以下，そして77年までは30万トン台の水準であった。1978年から82年までは40万トン台の水準で推移したが，83年には50万トンの水準に達し，それが現在まで続いている（第3-4表で示したように，1990年で55.4万トン）のである。

　この両者より，牛肉の自給率は1970年までは90％以上であったのが，71年から75年までは80％台へと低下し，さらに76年から85年までの間に70％台の水準へと徐々に低下した。しかし，その後の自給率低下は急速であり，1986年には60％台へと低下し，88年には50％台へと急低下した（90年には51％）。1991年は表面上は自給率が約55％へと上昇したが，これは畜産振興事業団や民間の在庫を吐きだしたための一時的現象であった。1992年の4月から6月までのデータによると，自給率は46％と50％以下に低下しているのである。牛肉の価格についても，輸入牛肉（豪チルド・フルセット）の価格は1989年7月には1kg当たり1510円であったのが，92年6月には789円へと半減した。それにつれ，輸入肉と直接競合する国産の乳去勢B2も，1992年6月には745円までに落ち込んだのであった。

　また影響はほとんどないだろうと思われた和牛も価格低下の傾向を示し，低迷しているのである。さらに関税も1993年には60％から50％へと低下した。これらを考慮すれば，無対策では自給率は30％程度かそれ以下になることが考えられる。一方，この牛肉の輸入枠の拡大や牛肉の自由化は，豚肉や鶏肉の消費にもかなりの影響を与えるようになっているのである。すなわち牛肉の年間1人当たり消費量は，1975年には2.5kgであったのが，自由化後の1990年には6.1kgへと一貫して増加したのであった。それに対し，豚肉の年間1人当たり消費量は1975年には7.3kgであったのが，85年には10.3kgとなったが，87年以降は11kg台の水準で停滞しているのである（1990年は11.5kg）。同様に，鶏肉の年間1人当たり消費量も1975年には5.3kgであったのが，1985年には9.1kgとなった。しかし，1987年以降は

10 kg 台の水準で停滞したのであった（1990 年は 88 年と 89 年以下の 10.3 kg）。いずれにしても，牛肉の自由化は豚肉や鶏肉の，牛肉への代替化を促す結果となっている。

　一方，オレンジの輸入は 1971 年のグレープ・フルーツの自由化後，77 年までは 1～2 万トンの水準であった。その後，1979 年までは 4～5 万トン，80 年から 81 年までは 7 万トン台へと増加し，84 年までは 9 万トン台へと増加した。そして 1985 年から 89 年までは 11～12 万トンへと増加し，1990 年は 14.5 万トンとなったのである。しかしここで注目すべき点は，輸入量は 1988 年から輸入枠よりかなり少ない量となっている点であろう。また 1991 年はアメリカを襲った寒波のため，輸入量は 8.2 万トンへと大きく減少した。その反動により 1992 年では，1 月から 6 月ですでに 12.8 万トンと増加していた。それゆえ単純に 2 倍すれば，およそ 25 万トン程度にもなるだろうと推測された（それにつれ，オレンジの価格も半値近くに落ち込んでいた）が，結果は 17.2 万トンであった。また 1993 年には，16.5 万トンと再び 15 万トンからそれほどかけ離れた水準にはならなかったのである。

　ミカンは温州ミカンのみが対象ではないが，ここでは紙幅の関係上，温州ミカンに焦点を当てることにしよう。温州ミカンの生産量は 1960 年頃に 100 万トン台へと増加し，68 年には 200 万トン台へと増加した。そして 1972 年にはついに 300 万トンの大台に達し，過剰問題が表面化したのであった。その 300 万トン台の水準は 1979 年まで続いたが（最高は 1975 年の 366.5 万トン），過剰対策等の結果 80 年には再び 200 万トン台へと減少し，1990 年には 165.3 万トンへと大きく減少した。この過剰問題に拍車をかけたのが，1971 年のグレープ・フルーツと今回のオレンジの輸入自由化であった。オレンジの輸入量はすでに見たように，10 万トン台で推移していた。一方，グレープ・フルーツの輸入量は 1986 年までは 10 万トン台であったのが，87 年には 20 万トン台へと増加し，89 年には最高の 27.5 万トンにも達するようになった。

　ところで，果実の自給率は大きく低下したということはすでに述べた通り

である。それでは，オレンジやグレープ・フルーツの輸入自由化によるミカンの自給率は，どのようになったのであろうか。温州ミカンの自給率を便宜上（温州ミカンの生産量）/（温州ミカンの生産量＋オレンジの輸入量＋グレープ・フルーツの輸入量）と定義すれば，1970年のミカンの自給率はほぼ100％であったのが，1990年になると84.6％へとかなり低下したことがわかる（第3-4表）。それでは，オレンジやグレープ・フルーツの輸入自由化の，温州ミカンの価格への影響はどのようになっているのであろうか。温州ミカンの価格の暴落は1972年と73年に生じ，70年に1kg当たり102円（卸売価格）であったのが，72円へと暴落した。これはミカン自身のそれまでの過剰生産傾向に加えて，1971年にグレープ・フルーツの輸入自由化がなされたことによるものであった。このため農家自身の自主減反や政策的減反の両方で莫大な努力が払われてきたのであった。

　それにより，上述のように生産量は1975年の366.5万トンをピークとしてその後ほぼ一貫して減少し，1990年にはピーク時の半分以下である165.3万トンへと激減したのであった。逆に，温州ミカンの価格はほぼ一貫して上昇した。そして1990年の卸売価格は73年の3倍以上に当たる242円（1kg当たり）となり，オレンジの卸売価格とほぼ同じ水準となったのであった。しかし1992年より自由化されたオレンジ果汁の輸入増大は著しく，大幅に安くなったオレンジとともに，ミカンの需要にかなりの影響を与えているのである。このような事態に対し，どのような対策が必要であろうか。牛肉・オレンジ輸入自由化にともなう国内対策は，1988年8月に総額1560億円をもって行うことが決定されている。牛肉対策費は牛肉関税の収入による不足払い制度を別にして500億円，ミカン対策費は1060億円であった。これらの積極的な対応により，十分とはいえないまでも，多くの成果が生まれたのであった。例えば，ミカン等はすでに見たように，最盛期の半分以下となり（1991年で157.9万トン），国内対策の目標生産量であった180万トン以下の生産量となっている。

　ミカンはミカン果汁の自由化により，新たな問題が存在するが，より大き

く緊急を要する問題は牛肉であろう。牛肉の国内対策は中長期対策としては，肉用子牛生産者補給金に関する新制度を創設し，一方緊急対策として，肉用子牛価格安定対策の拡充強化，肥育経営等安定対策の拡充強化，低コスト生産の推進や流通の合理化等に力を入れている。そこで，これらの国内対策，特に生産者補給金制度等とともに，欠くことのできない牛肉輸入対策を生産，流通，消費面に分けて考えることにしよう。まず生産面では，高品質の牛肉生産の追求（例えば F1 のような安価さと高品質の追求方向が必要）とともに，規模拡大による低コスト生産の追求はやはり必要であろう。この中には地域ぐるみの共同による生産コスト低減等に付け加え，増井和夫[14]がいうように，公共育成牧場，里山や裏山の草資源を使い，放牧をし，牛も人間も解放するという方向を真剣に考え，積極的に研究するという時期にきているといえよう。

　農林水産省草地試験場の「自給飼料低コスト事例調査」は放牧が最もコストダウンの可能性を持つものとして，集約放牧，親子放牧や肥育牛放牧などを示し，放牧適地が少ない所や放牧家畜の越冬飼料などには飼料の高位生産，加工貯蓄の新しい技術を提示しているという。またよくいわれるように，省力化のためには通年サイレージ等の導入，また異種部門間の共同等も必要であろう。流通面では共同仕入れ販売等による食肉小売店の経営合理化等は当然として，取引形態を枝肉取引から部分肉取引へと変化させ，手間暇がかからぬようにすることも大切なことであろう。部分肉で入ってくる輸入肉に対し，国内では枝肉取引が多く，その面で大きな不利な点を持っているからである。また消費面では，生産面の高品質牛肉，流通面での国産牛肉表示の普及の徹底を図るとともに，国産牛肉の消費拡大キャンペーン等を積極的に行う必要も出てこよう。農林水産省では，市場機能の強化を考慮中というが，大いに期待したいと思う。以上，牛肉・オレンジの自由化の経緯，位置づけ，影響と展望を総論的立場から見てきた。要するにオレンジ果汁のミカンへの影響が大きなものとなっているが，牛肉は予想以上の事態となっている。多くの施策がなされてきたが，これからも強力な努力でもってこの危機的事態

を乗り越える必要があるだろう。

3-2 米の自由化

[1] 米問題の背景

米の自由化が遂に決定されたが，ここではすべての原点に戻り，米問題の背景，各界の米の自由化の意見，米問題の本質について再考することにしよう。まず最初に，米問題の背景について考えることにする。この米問題の背景としては，経済的要因と非経済的要因とに分類して考えることができるであろう。まず経済的要因としては第1節の農業・農政批判で述べたように，第1は，アメリカ経済の競争力が低下したこと，逆に日本経済の競争力が向上したことであろう。それに加え，日本の輸出主導型発展や市場閉鎖性，さらに為替レートの問題等により日米の貿易収支に大きな不均衡が生じたこともあげられよう。第2は，内外から批判される日本農業の過保護性であろう（この点に対するコメントは前節を参照）。またここ数年間続いた農産物の過剰問題があげられよう。

これらにより，いわば外圧が加えられてきたのであった。一方内圧としては，すでに見たように，第1は食管批判，第2は農業の税金面での優遇に対する批判等があげられよう。また第3としては，地価の上昇に対する農業，特に都市農業への批判，第4は農協批判等も考えられよう。さらに第5としては，農民層の割合の低下，およびサラリーマン層の割合の相対的増大による内圧の強化等もあげられよう。一方，非経済的要因としては，政治的要因（例えば政府要人の業績確立のため），社会心理的要因（日本が大国としての責任を果たしていない等），文化的要因（アメリカの歴史的感覚の欠如等）等が考えられ，経済的要因と複雑に絡み合い，その解決が非常に困難な問題として現れてきたのであった。[15] 以上が米の自由化の背景として考えられる点であるが，この米の自由化に対し，各界の意見はどのようなものであったであろうか，続いてこの点について見ることにしよう。

② 各界の米の自由化についての意見

米の自由化については，世論は大きく二分されていた。そして，多くのところでさまざまな意見が取り上げられていたのであった。しかし，13人ものきわめてバラエティに富む多方面の識者からの提案が掲載された，1988（昭和63）年の3月14日から3月31日の朝日新聞の「私の提案」編の「お米はどうなる」がここでは最適のものであろう。この多方面での識者としては作家の野坂昭如からアメリカ大使館農務参事官のワーズワース（B. Wadsworth），さらにアメリカ，国府田農場総支配人の鯨岡辰馬，マッキンゼー日本支社長の大前研一，経済同友会副代表幹事の諸井虔，主婦連事務局長の清水鳩子，食糧庁長官の甕滋，全国農業協同組合中央会業務理事の松本登久男，神田仲介市場社長の佐竹利允，秋田県大潟村村民の黒瀬正，社会党委員長の土井たか子，一橋大学の室田武，京都国立博物館館長の上山春平という13人もの非常に幅広い分野にわたり，きわめて異なった見地からの意見が出されていたからである。

まずワーズワース，大前研一および諸井虔はそれぞれの意見は異なるが農産物輸入自由化賛成の意見を表明していた。しかし，それぞれの主張はかなり異なったものである。まずワーズワースはアメリカの立場から，多くのアメリカ人は市場を閉鎖している日本を不公平だと感じているという。またアメリカは日本に完全な米の自由化を求めているのではなく，ある程度開いてほしいといっているのであり，それにより日本農業はより活性化すると主張する。また，財界の中では農業問題に対し比較的穏健派である経済同友会の諸井虔は，各分野で自助努力をし産業を確立する必要があるが，農業はそのようには思われていないという。それゆえ食管法や補助金は見直しをしなければならないこと，そして夫婦2人で20〜40 ha（ヘクタール）の規模の経営をするよう規模拡大を行うべきであるという。そこで農業を強化する保護なら必要であるが，国内消費の1割程度の100万トンぐらいならば自由化し試行錯誤を行ってもよいのではないかと述べていた。一方，大前研一は，現在は自給よりも相互依存の世界であり，まず大都市圏内の50 km，できれば

100 kmの農地を解放する必要があると主張する。そして例えば，宅地が3割不足するならば農地の3割を解放した都市で減反するか，海外で水田を経営し輸入すればよいとの独自の説を述べていたのであった。

　逆に，農産物輸入自由化反対の立場は上記の3氏以外はほとんどの人々により主張されていた（中には明言していない人もいるが，文脈から推察）。その中で大潟村農民の黒瀬正や食糧庁の甕滋は当然のことながら，消費者代表の清水鳩子，作家の野坂昭如や社会党の土井たか子が揃って輸入自由化に反対していた点は注目されるところである。消費者代表の清水鳩子はいう。基礎的食料は自国で確保すべきというのが18消費者団体の最大公約数であり，この自給という考えは世界共通のものである。また安全性の面や水田のダムの役目，水，土壌，緑，空気などは，お金には換えることができないほどのあまりにも大きな社会的価値があるという。また室田武も有機農業派であり，同様の意見を持っていた。土井たか子もコシヒカリが1杯26円，10杯食べてもコーヒー1杯分に及ばない点より米価が高いと目くじらを立てるほどではないという。しかも国際価格の変動はきわめて大きく，豊かな日本が米の輸入をすれば，それまで安い米を輸入していた貧しい国の米を奪うことになるという。そして米問題はこのような幅広い視野で考えるべきであるともいっている。また輸入レモンの防カビ剤のように，食品の安全性の面からも問題であり，穀物自給率が先進国中最低であるという面からも安定的供給が必要であるともいっていたのであった。

　また野坂昭如は妹を餓死させた自らの悲壮な体験談により，国際分業論をすべて否定する気はないが，食い物だけは話がまったく異なるといいたいという。人間にとって一番大切なものは食い物であり，それを他国にはまかせてはおけないというのである。それゆえ，皆がもう一膳米を食べれば減反しなくてもすむともいっている。またたとえ米価が倍になったとしても生活がどれほど貧しくなるか，日本の米が本当に高いという実感があるのかといいたいとも述べていた。そして日本の水田が捨てられてしまえば人間の気持ちも荒廃し，食物がなければ愛も正義もなくなるであろう，と自らの経験に基

づいた重みのある発言を行っていたのであった。

③　米問題の本質

　これまでは米問題の背景，各界の意見を見てきたが，最後に米問題の本質に入ることにしよう。米問題の本質には次のような論争点があり，解決が非常に困難な問題となったのであろう。すなわち，まず第1点として，自由化命題や農業の役割論や貢献論に対する考え方の相違である。ガットのウルグアイ・ラウンドは自由化命題をその理論的背景に持っている。しかし，自由化命題には，①静学的仮定，②外部経済の不在，③収穫一定，④生産要素の移動の完全性，⑤完全競争，⑥完全雇用と価格伸縮性，⑦国際収支の均等，⑧輸送費の無視等の仮定のもとに成立するものであるが，これらはほとんどすべて農業には当てはまらないものである。特に農産物の自由化問題を考える場合には，①静学的仮定，②外部経済の不在，③生産要素の移動の完全性等はきわめて厳しい仮定であり，この自由化命題を根本的にくつがえす原因となっている。しかし外部経済，外部不経済や柔構造に対し，補助金や租税によりうまく対応することができるならば，自由化命題は正当化されることになる。ところが外部経済を例にとってみても，ドイツやイギリスとは異なり，現実の日本ではいまだ国民的合意が得られる状態とは言い難いものである。そしてこれらの農林業の公益的機能や柔構造の外部経済効果に補助金を与えるという世論を得るには時間が必要であろう。このような状態では自由化命題は成立しないのである（より詳細は第8章を参照）。

　第2点としては，米を含めた農業の経済への5つの貢献（食料の供給，労働力の供給，資本の供給，外貨の獲得や市場の提供等の貢献）はよく知られたところである。最近では，以上の5つの貢献に付け加え，農業，特に米や水田の次のような非経済的意義が大きく評価されるようになっている。まず第1は，米や水田の公益的機能である。すなわち，水田はダムの役割を果たし，美しい田園風景を提供し，人々に安らぎを与えているという点である。第2に，祭り等は米や農産物の豊作を祝うものが多く，また神社や寺等も農業起源のものが多いのである。それゆえ，米や水田や農業は日本文化の根源

の1つとなっているという点である。第3に，東京一極集中や太平洋ベルト地帯への集中が問題となり，過疎地域の多発とともに地域経済の疲弊が大きな問題となっている。その点，米は古くから日本全国いたるところで栽培され，山あいの地の棚田や段々畑でさえも耕作されてきたのであった。その意味で，地域間のバランスのとれた発展や社会的な意義として，水田や農業は大きな貢献を行ってきたのであった。このように，米は日本人にとり多面的な役割を果たしてきたことがわかるのである。しかし，これらの多面的効用が認められるには，多くの努力が必要なのである[16]。

　第3点としては，日本農業はしばしば過保護であるといわれ，内外から批判されている。この過保護性は否定できない面もあろう。しかしながらこの論争では，前節で見たように非常に恣意的な指標を用いてこの過保護性の批判が行われたことも事実である。すなわち日本農業の過保護性に対する批判として，国内外で多く用いられているものは上述のPSEや速水＝本間による名目農業保護率{(国内価格−国際価格)／国際価格}の各国間の比較値であった。そもそもこの概念は工業品の保護度合いの測定のための指標であり，この概念を農業に当てはめる場合には保護の度合いというよりは，主として地形的要因により決定されるものであったということはすでに見た通りである。この地形的要因を保護として捉えるか否かについて，大きな考え方の相違が存在するのである[17]。第4点は，感情的なものである。この点は一見小さな要因のように見えるが，ある意味で最も根強く残るものであろう。シンポジウムにおいても「ノーをいえない日本」という点が指摘されたが，黄色人種で，かつ成金である日本に対してよい印象を持たない点は表面には現れにくいゆえ，かえって最も解決の困難な問題であろう[18]。

　第5点は次のような，多くの基本的な問題点であろう。まず第1に，水や空気と同様，食物はなくては生きられないという点である。この点は食料と比較される石油とはまったく異なるものである。第2に，農業は他の産業とは根本的に異なり，特に日本で問題となる空間的制約と時間的制約という二大制約を持っているという点である。そして第1章の第3節で見たように，

日本の国民 1 人当たり農用地面積は 4a（アール）余と，新大陸や欧州はもちろんのこと，人口稠密なアジア諸国（中国の 39 a，インドの 24 a）と比較しても極端に少なく，それゆえ土地制約（空間的制約）がきわめて厳しいという点である。第 3 に，この土地制約に付け加え，輸入増大により 1991 年の日本の食料自給率はカロリー自給率で 46%，穀物自給率は 30% と主要先進国中最低の自給率に落ち込んでいるという点である。ところが，アメリカはウェーバー商品（自由化義務免除商品）や輸出補助金，EC は輸入課徴金制度や輸出補助金等を用いて大いなる保護をしているのである。

　それに対し，日本は先進国中最大の農産物輸入を行い，最も開放度の大きい国となっており，2 倍余の人口を持つ旧ソ連を凌駕した世界最大の農産物純輸入国となっているのである。第 4 に，このような農業を取り巻く情勢の厳しさを反映して，農家の後継者はまったくといっていいほど育たず，1983（昭和 58）年度以降の生産農業所得もほぼ連続的にマイナス成長を示し，実質では昭和 20 年代の水準へと落ち込んでいるのである。この点は農家所得のうち兼業所得が 80% 近くあり，多くの人々は気づかずにいるが，実際には農業にとり農業恐慌かそれ以上の厳しい状態となっているのである。それゆえ，日本では食料安全保障問題がきわめて大きな問題として取り上げられていたが，世界ではなかなか同意が得られなかったのである。それは世界的に農産物が過剰であるという背景とともに，田代洋一がいうように，①米以外の主要農産物の自給率向上も食料安全保障には必要であるが，日本政府は放棄していたこと，②備蓄政策の軽視，③さらに工業製品の輸出攻勢に対する問題の軽視等の理由により，世界的に日本の食料安全保障問題を納得させることはきわめて困難な状態にあったのである。そして 3 回の国会決議にもかかわらず，米の自由化が遂に強行されるようになったのである。

第 II 部

日本農業と食料経済学

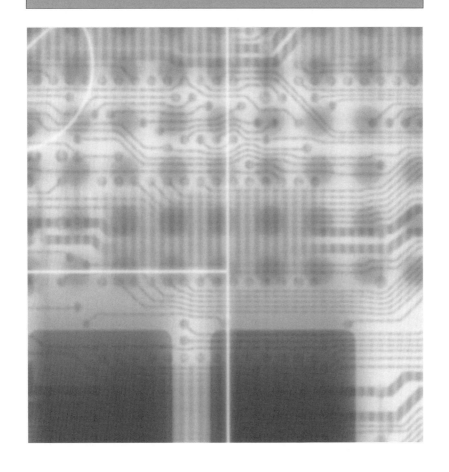

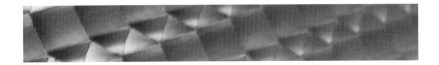

第4章　農業の特殊性と日本農業

　農業は工業とは異なり，生き物である有機的生産物を生産するゆえ，他の産業とはまったく異なった面を持っている。それゆえ，常識とは離れた非常に特殊な性質を持っている。そしてこの性質により，農工間不均等発展，農産物価格の大変動，豊作貧乏や低生産性（極度に発展した国は除く）等の他の産業ではあまり見られない特殊な現象が現れてくるのである。そこで農産物の諸特徴を需要側と生産および供給側に分類して掲げることにしよう。

1-1　農産物需要の主な特徴
　(a)農産物需要の所得弾力性が小さい。ここでいう需要の所得（価格）弾力性 ε（η）というのは，所得 Y（価格 P）が1%増加したときに需要 D が何%増減するかを示すものである。そして，記号で書けば次のようになる。$\varepsilon = (\Delta D / D) / (\Delta Y / Y)$，$\eta = - (\Delta D / D) / (\Delta P / P)$。また多くの農産物は胃袋の大きさに限界があることや，必需品としての性格上，需要の所得および価格弾力性は小さい。後に見るように，特に農産物の所得弾力性 ε が1より

小さいという性質により，エンゲルの法則，さらにそれが農工間不均等発展の一原因になるという事実が観察されるのである。(b)また必需品としての性格上，農産物需要の価格弾力性ηも小さい。この結果により，後に見るように，農産物価格の不安定性，豊作貧乏などの現象が生じてくるのである。

1-2　農産物の生産および供給の特徴

　(a)農業生産は生産の2要素（労働と資本）以外に土地を，しかも多量に使用することになる。それゆえ，この土地の制約により収穫逓減の法則（ある要素の投入に対し，その要素の増加に対する収量の増分が次第に低下すること）を受けやすい。(b)生産期間，作業工程が季節的に粘着的であり，自然時間の特定時点にしばられている。それゆえ，時間的前後関係を同時並列関係に組み変えることが不可能である。これより工業部門とは異なり，労働量や機械の使用量は季節的に変化し，1年を通じて一定ではないことになる。この点と(a)の収穫逓減の法則とにより，工業に比較して大規模な生産が不利になるのである。日本においても，多くの生産主体は小規模な農家である。(c)農産物の生産には長期間が必要である。特に果樹等の永年性作物の生産には何年，何十年という期間が必要である。またその間の気象の影響により，各年の生産量が変動し，低価格弾力性という性格上農産物価格が大幅に変動することになる。しかも農産物は腐敗しやすく，新鮮度を要する野菜等の貯蔵は不可能ではないにしても困難をともなう。それゆえ，供給の価格弾力性も短期では非常に小さくなっている。これらの需要側，供給側の制約により，農業生産の成長率や土地生産性，労働生産性，資本の生産性等の部分生産性や総合生産性が工業に比較して非常に小さくなっている。そして農業就業人口が相対的に，または国や時期により絶対的にも減少し，農工間の不均等発展が観察されているのである。また農家の人々は労働者でもあり，かつ資本家でもある。それゆえ両者の混合した形となっている。理論的にいっても，第4-1図が示すように農家の主体均衡点Aは企業（資本家）の主体均衡点Cや労働者の主体均衡点Bとは異なった点にあるのである（付録第2部の

▨ 第 4-1 図　農家，企業および労働者の主体均衡点

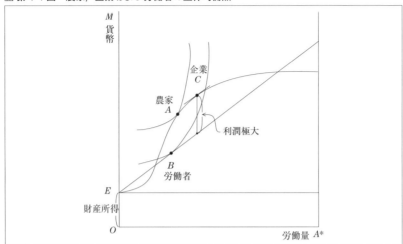

農業のミクロ的分析を参照）。

2 エンゲルの法則と農工間不均等発展

　経済が発展するにつれ，農業が大きな割合を持つ経済からその割合を低下
させるようになるのが常である。日本の場合も例外でなく，明治の初期には
70% 以上もあった農業労働力のシェアが 1965 年には約 6% へと大きく低下
したのであった（第 4-2 図参照）。また農業所得の割合も明治初期の約 50%
の水準から 2% 程度へと著しく低下したのである。このように，経済が発展
するにつれて農工間の不均等発展が顕著となり，農業のシェアは低下してき
たのであった。それでは，この農工間不均等発展はいかなる要因により生じ
るのであろうか。この点を理解するためには，農業および非農業間の需要と
供給両面の特徴を理解する必要があろう。そこで，まず最初に需要面から見
ることにしよう。各部門の生産物に対する需要量は人口と所得，価格等に依

■第4-2図　エンゲル係数と農業部門のシェア

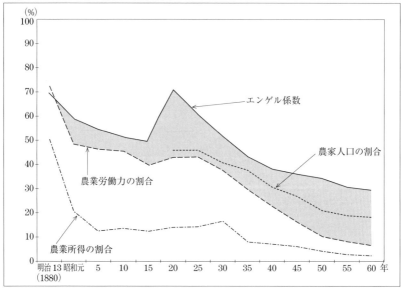

出所：総務庁統計局「日本長期統計総覧」第2巻，日本統計協会，1988年，農林水産大臣官房調査課『農業白書附属統計表』農林統計協会，各年より作成。

存するのである。すなわち，需要関数は人口，所得や価格等を独立変数として成り立っている。しかも所得や価格の変化に対する需要量の変化（需要の所得弾力性や価格弾力性）は両部門で大きく異なっている。すなわち農業部門の両弾性値は非農業部門のものに比べ，非常に小さな値をとっている。この点は後に見るように，農工間不均等発展，農産物の価格変動の激しさや，豊作貧乏等の現象を理解する上で大きな要因となっているのである。

　続いて，供給面に目を向けることにしよう。この供給面の根底には，生産関数があるが，生産量は技術進歩やインプット（例えば労働や資本や土地）に依存する。しかも農業ではインプットとして土地を使用する点が他の産業とは異なっている。この点は，日本の農業部門では特に土地制約が厳しいため，収穫逓減が大きく働き，そのため生産性が低くなる原因となっているのである。以上の需要関数や生産関数の議論から，まず第1にいえることは，

需要面での人口と供給面での技術進歩とは対称的な位置関係にあるということである。この点については後に触れることにする。また，農業は土地制約のため収穫逓減の法則が働くこと，一方では需要面で需要の所得弾力性や価格弾力性が小さいことが低生産性や価格変動，豊作貧乏等に導き，農工間不均等発展の大きな原因ともなっているのである。そこで，これらの点について詳細に考察することにする。

2-1　技術進歩と人口の綱引き関係

　経済の構造，特に農業と非農業の構造関係を決定する要因は以上のように多くのものが考えられる。しかし，その中で通常一般にはあまり言及されていないが，特に重要な大きな要因としてまず第1にあげなければならない点は，技術進歩と人口との間の力関係であろう。すなわち，第 4-3 図（図の棒グラフの高さは，各パネルの 1880 年から 1970 年までの期間の，各 10 年ごとの平均成長率を示している。例えば，パネル(1)の農業生産量の 1880 年の棒グラフの高さは，2.4 の大きさを示している。これは 1880 年から 1890 年までの 10 年間に，農業生産量が実質で平均 2.4％ の率で成長したことを示すものである。それに対し，折線グラフは農業技術進歩，非農業技術進歩や人口等の貢献度を示すものである）が示すように，人口が増加すると農業部門のインプットやアウトプットを増大させる力が働き，逆に非農業部門の大きさを減少させようとする力が働くようになっている（例えば，1880 年代の農業生産量の成長率 2.4％ に対し，農業技術進歩の貢献度はおよそ 2 の値を示している。それゆえ，この時期における農業技術進歩は 2 / 2.4％ で約 83％ のプラスの貢献をしていることがわかるのである。この第 4-3 図より，人口は農業生産量や農業インプットにはプラス，非農業生産量や非農業インプットにはマイナスの貢献をしていることがわかるであろう）。

　一方，技術進歩は農業部門のインプットを減少させ，非農業部門のインプットを増加させようとする作用を持っている[1]。それゆえ，人口と技術進歩は農業部門を増大させるか減少させるかに関し，いわば綱引き関係となってい

▨第4-3図　最新データによる主要5外生変数の8内生変数への貢献

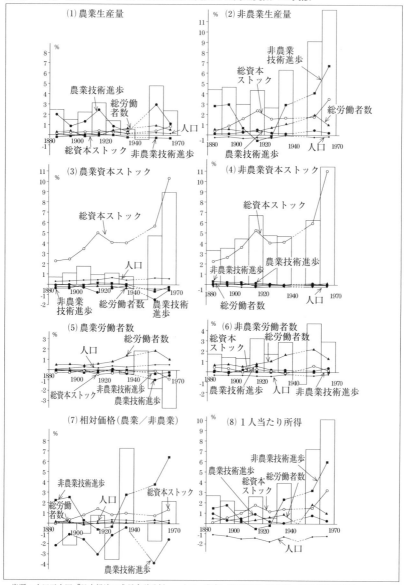

出所：山口三十四『日本経済の成長会計分析——人口・農業・経済発展』有斐閣，1982年より引用。

るのである。これは人口が需要のシフト要因であるのに対し，技術進歩は供給のシフト要因であるゆえ，この両者が対立的関係になっていることから当然のことであろう。したがって日本の戦後のように，人口成長率に比較して技術進歩率の特に大きな時期においては，農業部門の相対的縮小ないしは非農業部門の相対的増大が非常に顕著となって現れてくるのである。また両部門の技術進歩自体も農業部門が縮小するように非対称的に働いてきたのであった。すなわち第4-3図のパネル(5)の農業労働者数とパネル(6)の非農業労働者数が示すように，農業技術進歩が生ずると，農業労働力を非農業部門に押し出す（農業技術進歩は農業労働力を減少させ，非農業労働力を増加させることから理解できよう。これを農業技術進歩のプッシュ効果と呼んでいる）作用を持つのに対し，非農業技術進歩は非農業労働力を農業部門にプッシュしないで，逆に農業部門から労働力を引き出そう（非農業技術進歩のプル効果と呼ぶ）とする作用を持っているのである。これを技術進歩の非対称性と呼んでいるが[2)]，いずれにしてもこの点からも農業が縮小するように働く一要因となっているのである。

2-2 エンゲルの法則とクラークの法則

　人口や技術進歩に続いて，経済の構造変化，特に所得構造の変化をもたらすものにエンゲルの法則があげられよう。このエンゲルの法則は所得が増加するにつれ，食料への支出の割合が減少することを意味するものである。それゆえ，経済が発展するにつれ，農工間不均等発展が生ずることとなる。このエンゲルの法則ないしは，クラークの法則が支配するのは農産物の所得弾力性（所得が1%増加したときに農産物の需要が何%増加するかを示したもの）が1よりも小さいがゆえに生じるものである。一方，労働力構造もこのエンゲル係数に基づいた所得構造により決定されるだろう。しかし，この所得構造と結びついて労働力構造にインパクトを与えるのは比較優位性（農業部門の労働生産性／非農業部門の労働生産性）であろう。よく知られているように，農業部門の労働生産性は非農業部門に比べ低く，それゆえ比較優

位性は小さくなっている。換言すれば，一定の生産量（あるいは所得）を作るのに要する労働量が非農業に比べ，多量であることが特徴となっている。この低労働生産の度合いにより農業部門で必要な労働量が決定されることになる。

　このような農業の低比較優位性を生じさせる原因となるのが農業の特殊性である。繰り返すことになるが，ここでの重要なポイントとなるので，再説明することにしよう。農業部門の低比較優位性を生じさせる原因として，第1にあげられるのが土地の存在であろう。すなわち，日本農業にとり，土地は稀少資源であり，それが収穫逓減を生じさせるもととなっている。既述のように，日本は国民1人当たり農用地面積が4a（アール）余しかなく，人口稠密な中国（36 a）やインド（23 a）よりもはるかに小さいゆえ，収穫逓減がまともに大きく働くようになってくるのである。第2に，農産物の生産は長期間を要するため，その生産は気象条件に大きく左右されることになるのである。第3に，農産物は有機的生命体を育てるため，作業工程が自然時間の特定時点にしばられている（作業工程が季節により決められている）。それゆえ，時間的前後関係を同時並列関係に組み換えることはできないのである。したがって，労働や資本の使用量は季節的に変化し，1年を通じて一定ではないことになる。それゆえ，土地の制約と相まって，大規模な有利性に乏しいことになる。

　第4に，農産物は必需品という性格上，価格弾力性が小さく（価格の変動に対しても需要量はあまり変化しないことを意味する），それゆえ供給側のわずかな変動に対しても価格は大きく変動し，しかも豊作貧乏という事態が生じることになる。この点に関しては第4-4図がこれらの点を示すのに便利であろう。同図の左図は農業部門のケースであり，需要の価格弾力性が小さく（需要の価格弾力性が小さいということは，価格の変化に対して需要量がほとんど変化しないということを意味し，需要曲線 D は左図のように急勾配を持っていることを意味する点に注意）描かれている。一方，右図は非農業部門のケースであり，需要の価格弾力性が大きく描かれている。ところで，

▨ 第4-4図　農産物の価格変動が大きい理由と豊作貧乏の図形的説明

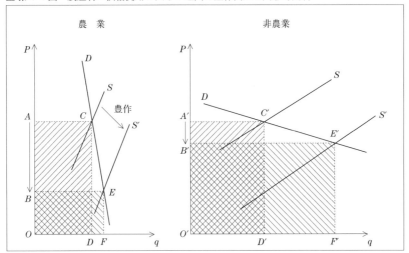

左図の農業部門の場合は豊作になり，供給曲線（S）が右にシフトすれば価格が A→B のように大きく低下し[3)]，農民の収入（価格×数量）は面積 AODC から面積 BOFE へと減少（豊作貧乏）することがわかる。一方，非農業部門の場合は供給曲線が右にシフトしても価格低下（A′→B′）は農業部門ほどではなく，豊作貧乏という事態も生じない（収入は面積 A′O′D′C′ から面積 B′O′F′E′ へと増加する）ことがわかる。それゆえに，この点からも農業は非農業に比べ不利な状態にあり，農工間不均等発展を生じさせることになるのである。

2-3　エンゲル係数とマーケティング費用等の増大

　第4-2図を見ればわかるように，エンゲル係数は明治13年の1880年には70% 弱であったのが，大正初期には61% 程度となり，昭和初期には55%へと低下した。この低下の度合いは第2次世界大戦後にいっそう大きくなっている。しかも農業に還元される部分の低下はこのエンゲル係数の低下以上に大きいのである。すなわち，農業所得のシェアをエンゲル係数で割ると食

料支出のうち農業に還元される部分が得られるがその値を求めてみると，1885 年には 70% 程度であったのが 1900 年には 62.9%，1920 年には 48.4%，1960 年には 30.2%，1980 年には 12.9% へと著しく低下していることがわかる。この点は，換言すれば，消費者が食料支出として支出するもののうち，マーケティング等に要する費用や生産費用の割合が激増していることが要因であることを示している。この点からも農業のシェアが著しく低下したことがわかるのである。

2-4　経済政策と農工間不均等発展

　以上が前述の要因により生じた農工間不均等発展であるが農業は政策的にも優遇されることは少なく，政策的な面からも農工間不均等発展が助長されたという面を持っているのである。例えば経済成長を目的とする投資基準には所得弾力性基準（所得弾力性の大きい産業は所得の伸びに比較して需要の伸びが大きく，それゆえ投資配分を多くすべしとするもの。農業は所得弾力性が小さく，不利である），生産性上昇率基準（生産性の上昇率が高い産業に投資を行うべきだとする説。これは技術進歩や規模の経済等が主な要因である。農業は特殊性等により生産性の上昇率が劣っている），連関効果基準（連関効果の大きい産業に投資を行うべきものであるという説。農業は最終生産物が多く，前方連関や後方連関は小さい）および高加工度基準（加工度の高い産業に投資を行う）等いずれにしても農業はあまり有利とはいえないのである。[4] この政策的な面からも農工間不均等発展が助長されたのである。

3 農産物価格の大変動と豊作貧乏

　必需品という性格上，農産物の需要の価格弾力性は小さく，価格の大変動が生じることになる。すでに見たように，第 2-1 図は生産活動を農業部門と非農業部門に分け，生産量と価格の対前年成長率を示したものである。これ

より，農業生産量の変動が非農業生産量に比べ，より大きなものとなっていることがすでに理解できたであろう。一方，農産物価格も非農産物価格と比べれば，はるかに大きな変動があったことも理解できたのであった。この要因は，農業生産量の変動が非農業生産量の変動に比べ大きいことによるが，同図で見たように，農産物価格の変動は農業生産量の変動に比べ，はるかに大きなものとなっていた。これは，農産物の価格弾力性が小さいゆえ，価格変動が大きくなったことが主な原因であろう。特に1918年の米騒動時には価格の大高騰が，逆に1930年の農業恐慌時には価格の大暴落が生じたことが同図からもわかるのである。

　しかし第2次世界大戦後においては，価格変動が非常に小さくなっている。これは，1つには農業生産量の変動が小さくなったことによるものであろう。それとともに農産物価格政策の効果が出たことにより安定してきたものであろう。とかく批判の多い食管制度も，この価格安定面においては大きな力を発揮してきたといえるのである。第4-4図はこの農産物の変動理由を理論的に説明したものであった。すなわち，すでに見たように農産物は必需品であり，価格変動に対し需要量はあまり変化しない（価格弾力性が小さい）ため，需要曲線の傾斜は非農産物に比べ非常に急なものになっていた。それゆえ，供給側のわずかな変化に対しても価格は大幅に変動したのであった（*AB* と *A′B′* の差を比較せよ）。さらに同第4-4図で示したように，豊作になれば価格の低下（*AB*）が生産量の需給均衡量の増大（*DF*）よりもはるかに大きいものとなった。それゆえ農業者の売上額（価格に数量を乗じたもの）は長方形 *AODC* から長方形 *BOFE* へと減少し，豊作貧乏という常識では考えられない現象が生じることになった（非農産物の場合は長方形 *A′O′D′C′* から長方形 *B′O′F′E′* へと増加していることに注意）ということはすでに見た通りである。

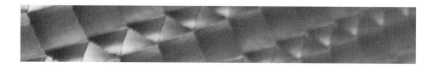

第5章　日本の農産物の生産と消費

1　日本の農産物の生産状況

　日本の農業は，明治以降大きな発展を遂げてきたのであった。1970（昭和45）年頃までに，人口は明治初期の約3倍にも伸びたのであるが，農業の実質農業純生産額もそれに追いついて伸びてきたのであった。しかし，その後はまったく停滞ないしは減少するようになった（第5-1図）。この点は高度経済成長期の工業部門間との問題等，多くの要因が考えられるが，農産物の輸入自由化の影響がきわめて大きい要因として考えられるのである。すなわち，日本の農産物の輸入自由化は，この1970（昭和45）年以降に大きく進められたのであった。事実，1970年までの農林水産物の輸入制限品目は70以上あったのであるが，1971（昭和46）年には58品目へと減少し，1972（昭和47）年には28品目へと大きくドラスティックに減少したのであった。その後は12農産物の輸入自由化要求のガット提訴と牛肉・オレンジの自由化，米の自由化へと続くにつれ，実質農業生産額は大きく低下し，現在では昭和20年代の水準へと低下しているのである。

　この間にも日本農業の生産構成は大きく変化した。明治初期には米が50

■第 5-1 図　農業純生産額の成長と実質農業純生産額および人口の成長

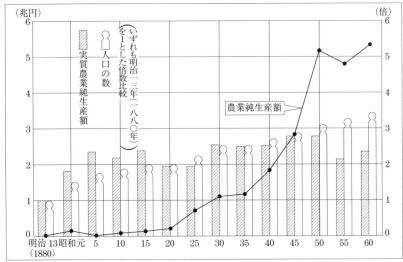

出所：梅村又次・大川一司・篠原三代平『長期経済統計・第 9 巻（農林業）』東洋経済新報社，1966 年。農林水産大臣官房調査課監修『農業白書附属統計表』農林統計協会，各年。K. Ohkawa and M. Shinohara, *Patterns of Japanese Economic Developmento: A Quantitative Appraisal*, Yale University Press, 1979. 農業と経済編集委員会他編『図で見る昭和農業史』富民協会，1989 年の中の山口論文の図より引用。

％以上，工芸作物が 10％以上，麦が 10％程度，繭が 10％弱の比率で農業生産が行われていたのであった。その後第 2 次世界大戦前までの日本農業は，米が生産額の約半分を占めていたのであった。そして昭和の初期には繭が約 20％で続き，麦と野菜・花卉がそれぞれ 10％，工芸作物といも類がそれぞれおよそ 5％の大きさを持っていたのであった。第 2 次世界大戦前までは，ほぼその状態が続いたが，戦後になり繭が激減し，畜産物が激増するようになった。特に高度経済成長期に入ると，農業基本法が制定され，米のシェアが減少し，選択的拡大作物であった畜産物，野菜・花卉，果実のシェアが増大した。最近の農業生産は米，畜産物と野菜・花卉・果実の三者がそれぞれおよそ 30％ずつとなっている。ただこの中で，畜産物は飼料の多くを輸入に頼っており，カロリー計算での自給率が 50％以下となるゆえんともなっているのである。[1]

2　日本の農産物の消費状況

　最近の農産物消費の特徴として，米を含む穀類の消費の減少と牛乳・乳製品，肉類や鶏卵等の畜産物の消費の増加が顕著なものとなっている。またその中間的な特徴として，高度経済成長期には大きく伸びた野菜や果実は現在では頭打ちの状態となっている（第5-2図）。すなわち，穀類は明治や大正では180 kg もの消費がなされていたが，現在では100 kg 程度へと大きく低下したのであった。その中でも米は140 kg から70 kg へと半減したのであった。一方，牛乳・乳製品を含む畜産物は昭和の初期まではゼロに近い数値であった。しかし牛乳・乳製品の消費は現在では80 kg にも達し，肉類は30 kg 弱，鶏卵は15 kg へと大きく増加し，畜産物の大幅な増加があったことがわかるのである。ところで魚介類に関しては，昭和の初期にはすでに15 kg 程度の消費がなされていたのであった。この点は畜産物とは異なっているが，その後も畜産物には及ばないとしても，漸増し現在では40 kg 弱の消費となっている。また野菜も昭和の初期にすでに70〜80 kg の消費があったのであるが，高度経済成長期に入り急増し，昭和40年代には120 kg の水準へと達するようになったのである。しかしその後は微減か停滞状態となっている。果実も昭和の初期にすでに20 kg 程度の消費があったが，高度経済成長期に急増し，1972（昭和47）年頃にピークとなり，45 kg 弱へと増加した。しかし，その後は減少ないしは停滞し，現在では40 kg 以下の水準へと低下しているのである[2]（第5-2図および後出の第5-3図の最近の数値は，付録の付表4，5および6に示されている）。

▨ **第 5-2 図　農産物消費の動向**（1 人 1 年当たり供給純食料）

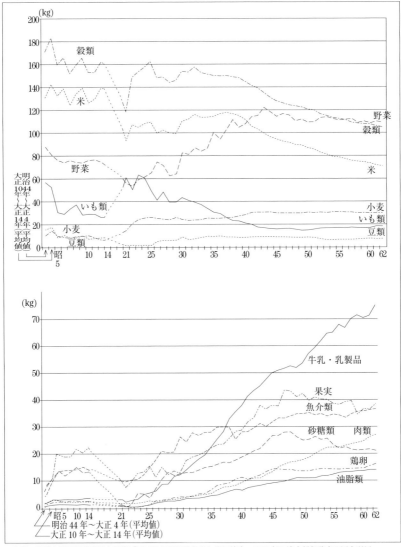

出所：農業と経済編集委員会他編『図で見る昭和農業史』富民協会，1989 年の清水哲郎論文の図を引用。

3 日本の農産物の輸入状況

　農産物の消費から生産を差し引いたものは農産物の輸入になる。現在，日
本は世界最大の農産物純輸入国となっている。例えば，1990（平成 2）年の
日本の農産物純輸入額は約 275 億ドルで，旧西ドイツ（175 億ドル）や旧ソ
連（172 億ドル）以上の世界のトップにあるが，1970（昭和 45）年にはイギ
リスが日本以上の輸入をしていたのであった。また 1980（昭和 55）年には
日本はすでに 168 億ドルで世界一の農産物純輸入国であったが，旧ソ連
（152 億ドル）や旧西ドイツ（147 億ドル）とはそれほどの差異がなかった。
しかし現在では 2 位以下を大きく引き離した世界最大の輸入国となっている
のである。また現在の日本において，最大の農産物輸入品目は畜産物の飼料
となる雑穀であるが，雑穀は 1990 年ですでに約 2000 万トンもの輸入が行わ
れていたのであった。続いて輸入量の多いのが小麦であり，約 530 万トンで
あり，豆類が約 500 万トン，魚介類が 380 万トン，果実が 300 万トンと続い
ていた。以下，牛乳・乳製品が 223 万トン，大麦が 221 万トン，粗糖が約
170 万トン，そして急増している肉類が 150 万トン程度の輸入となっていた
のであった。

　以上が輸入量の絶対量であるが，消費に占める輸入の大きさは農産物の自
給率を見ればわかることになる。すなわち，自給率の小さい物が相対的に輸
入が多いことになるからである。日本の食料自給率は，すでに 1975（昭和
50）年頃から世界の主要先進国中で最低のものとなっていた（第 5-3 図）。
1991（平成 3）年のカロリー自給率は 46％ と図で示された 1987（昭和 62）
年の 50％ の水準からさらに落ち込んでいるのである。また高度経済成長期
以前には，米，果実，鶏卵，野菜や肉類は 100％ の自給率を持っていたので
あった。そして牛乳・乳製品もおよそ 90％ の自給率を持っていた。一方，
豆類，小麦，大豆の自給率は相対的に低かったが，それでも豆類は 50％，

▨ **第5-3図　主要先進国における農産物のカロリー自給率と日本の品目別自給率**

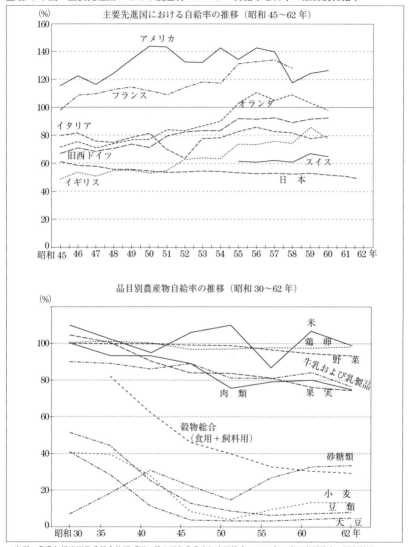

出所：農業と経済編集委員会他編『図で見る昭和農業史』富民協会，1989年の嘉田良平論文の図を引用。

▨ 第5-4図　農業保護の政策手段別分類

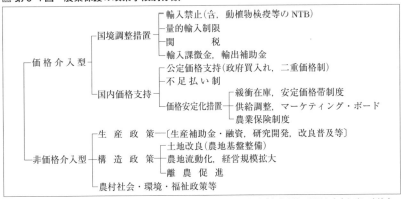

```
                                    ┌─ 輸入禁止(含，動植物検疫等のNTB)
                    ┌─ 国境調整措置 ─┤ 量的輸入制限
                    │               │ 関　　税
                    │               └─ 輸入課徴金，輸出補助金
        ┌─ 価格介入型 ─┤               ┌─ 公定価格支持(政府買入れ，二重価格制)
        │           │               │ 不足払い制          ┌─ 緩衝在庫，安定価格帯制度
        │           └─ 国内価格支持 ─┤ 価格安定化措置 ─────┤ 供給調整，マーケティング・ボード
        │                           │                    └─ 農業保険制度
        │                           └─
        │               ┌─ 生産政策 ──〔生産補助金・融資，研究開発，改良普及等〕
        │               │            ┌─ 土地改良(農地基盤整備)
        └─ 非価格介入型 ─┤ 構造政策 ──┤ 農地流動化，経営規模拡大
                        │            └─ 離農促進
                        └─ 農村社会・環境・福祉政策等
```

出所：嘉田良平「先進諸外国における農政論の最近の動向」藤谷築次編『農業政策の課題と方向』家の光協会，1988年より引用。

小麦，大豆は40%程度の自給率を持っていたのであった。その後，果実，肉類や牛乳・乳製品は輸入の自由化により，自給率は大きく低下し，1990年では果実，肉類や牛乳・乳製品の自給率はそれぞれ63%，70%，78%へと急低下していた。また40～50%あった豆類，小麦や大豆の自給率は1975（昭和50）年にはそれぞれ9%，4%，4%といずれも1ケタの自給率となったが，転作奨励等により，小麦は1990年で15%，豆類は8%，大豆は5%となったのであった。それゆえ，ほとんどの農産物の自給率が低下する中で，現在でもほぼ100%の自給率を維持しているのは，米と鶏卵のみとなったのである[3]。

　以上のように，日本の自給率は大幅に低下してきたが，欧米諸国はどのようにしてこのような高い自給率を維持してきたのであろうか。もちろん土地制約等の生産条件の差異やその他の多くの要因が考えられるが，これらの諸国の農産物価格政策や貿易政策が大きな影響を与える1つの要因となっているのである。農業保護の主要な政策手段としては国境保護措置，政府の直接価格支持や生産補助金の交付等があげられよう[4]。しかし現在の事態を考えると，第5-4図のような嘉田良平に従った価格介入型と非価格介入型との政策

▨ 第 5-1 表　主要先進国の農産物価格・貿易政策の概要

	アメリカ	Ｅ　Ｃ	日　本
主要価格支持措置	①価格の最低保証 ●商品金融公社（CCC）は農産物を担保として農民に融資，市場価格低落時は現物引渡による返済可能（穀物，大豆等） ●市場価格低落時に CCC が最低保証価格で買支え（乳製品） ②作付削減および不足払 ●作付削減参加農家に対して CCC が目標価格と市場価格（市場価格が融資レートを下回る場合は融資レート）の差を不足払（穀物等） ③マーケティングローン制度（「輸出奨励措置」の欄参照）	①価格の最低保証 ●市場価格の下落を防ぐため，介入機関が介入価格で買支え（主要品目） ②生産割当 ●過剰が顕在化している品目につき，国別生産数量割当を実施，超過生産分については域内販売の禁止，あるいは高額課徴金の徴収（砂糖，生乳）	①買入れ等の実施 ●政府の定めた価格をもとに国または関係機関が買入れ等を実施（米，麦，牛肉，豚肉，生糸，甘味資源作物等） ②交付金の支払 ●政府の定めた水準をもとに国または基金が交付金を支払い補てんを実施（大豆，なたね，加工原料乳等）
国境調整措置	輸入数量制限等 ●自由化義務等免除（ウェーバー）（酪農品等 14 品目） ●食肉輸入法による輸入制限（牛肉等 2 品目） ●その他の輸入制限（砂糖等 3 品目）	①輸入課徴金 ●EC 域外から域内への輸入に関し，境界価格と輸入価格の差を課徴金として徴収（64 品目） ②輸入数量制限 ●各加盟国により実施 例：フランス　　　　19 品目 　　　（バナナ，ぶどう等） 　　旧西ドイツ　　　　3 品目 　　　（ジャガイモ関連） 　　イギリス　　　　　1 品目 　　　（バナナ）	①国家貿易 （米，バター等 7 品目） ②輸入数量制限 （牛肉，オレンジ等 22 品目）
輸出奨励措置	①輸出奨励計画（EEP） ●他国の補助金付き輸出に対抗するため，アメリカのシェアの低下している市場に輸出する輸出業者に対し，値引き相当額のボーナス（CCC 所有の穀物等）を支給（主要品目） ②マーケティングローン制度 ●国際価格が融資レート（最低保証価格）を大幅に下回っている場合，農民に対し販売価格と融資レートの差額を財政援助（米，綿花） ③長期信用供与輸出等 ●中長期低利の農産物買付資金を輸出先に融資，信用保証を含む中期信用の供与（穀物）	輸出払戻金 ●EC 域内から域外への輸出に関し，市場価格と国際価格の差を払戻補助（主要品目）	

出所：21 世紀会編『日本農業を正しく理解するための本』農林統計協会，1987 年より引用。

手段に分ける方が便利であろう。なぜならば，国際的には価格介入型の保護は大きな批判の的となっているが，非価格介入型の方は嘉田もいうように，外国からの批判はほとんどなく，国内での批判も軽微であるからである。このように分けると，価格介入型としては輸入制限，関税，輸出補助金等を含む国境調整措置と国内価格支持とに分けられ，また非価格介入型としては生産補助金等の生産政策，土地改良等の構造政策やその他に分けられよう。

　ところで，第5-1表はアメリカ，ECや日本の農産物価格政策や貿易政策の概要を示したものである。これを見ると，国境保護措置を見ても，日本はウルグアイ・ラウンド中に22品目の輸入制限から，12品目のガットへの提訴（結局8品目の自由化），牛肉・オレンジの自由化，そして米の自由化へと主要品目のほぼすべての自由化を行ってきたが，アメリカやECはこの期間中，1品目の自由化も行っていないことに気づくのである。そしてアメリカは表面上の輸入制限品目は3品目であるが，ウェーバー商品と呼ばれ，輸入制限とまったく変わらない方法で自由化の義務を免除されたものが14品目もあり，さらに食肉輸入法による輸入制限の2品目の合計19品目もの輸入制限を行っているのである。またECに至っては，仏，独，英3カ国のそれぞれの輸入制限品目は19品目（仏），3品目（独），1品目（英）となっているが，それとともに64品目に輸入課徴金を課してEC農業を手厚く保護しているのである。また価格支持措置も価格の最低保証や不足払い制度等により積極的に行ってきたことは，この第5-1表とともにすでに見た第3-4図の実際の数字からも理解できたのであった。さらにアメリカとECはこの点にとどまらず，輸出補助金までも用いて輸出を奨励し，世界の農産物の過剰状態を生み出す元凶となってきたことはよく知られた事実であろう。以上のように，欧米諸国は大いなる保護を行うことにより，自給率の向上に努めてきたのであった。

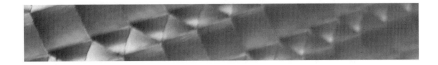

第6章　日本の農家経済と生産要素

1　専兼規模別の農家数

　日本の農家数は戦前はほぼ550万戸前後存在したが，第2次世界大戦後の1950（昭和25）年には約620万戸でピークとなった。その後は減少し，1960（昭和35）年に600万戸程度となり，1975（昭和50）年には500万戸を下回るようになった。そして1985（昭和60）年には440万戸を下回り（第6-1図），1992（平成4）年には370万戸へと減少したのであった。この中で専業農家は戦前ではおよそ7割程度［例えば，1935（昭和10）年では75%弱］も存在したが，その後は減少した。しかし，第2次世界大戦後の1946（昭和21）年には再び約55%程度へと増加した。その後は再び減少し，1975（昭和50）年には15%以下となった。その後停滞ないしは微増し，1985（昭和60）年には14%程度となり（第6-1図の下図），1990（平成2）年には15%強となったのである。一方，兼業農家は専業農家とは逆方向に動き，1975（昭和50）年には85%を超えるようになり，その後は85%水準から停滞あるいは微増するようになった。この兼業農家の中においても，兼業所得が農業所得以上である第2種兼業農家の比率は急増し，1946（昭和

第6-1図　総農家数（上図）および専兼別農家数（下図）の推移

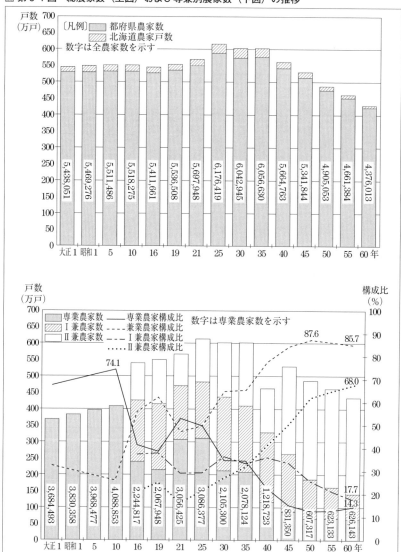

出所：農業と経済編集委員会他編『図で見る昭和農業史』富民協会，1989 年の平塚貴彦論文の図を引用。

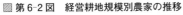

■ 第6-2図　経営耕地規模別農家の推移

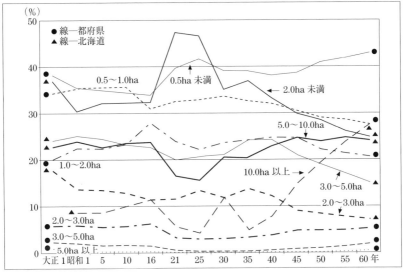

出所：第6-1図と同じ。

21）年には総農家数のわずか 20% 以下の水準であったのが，1985（昭和
60）年には 68%（第6-1図），1990（平成2）年には 70% にも達するように
なったのである。

　一方，1985（昭和60）年の経営耕地規模別農家数（都府県）では 0.5 ha
（ヘクタール）未満の農家比率が最も高く 40% 以上を占めていた。続いて
0.5〜1ha 階層が 30% 弱，1〜2ha が約 20%，2〜3ha になると 5% 強へと急
減し，3〜5ha では 3% にも満たない値であり，5ha 以上となると 0% に近
い値であった。また北海道では 10 ha 以上の階層が 30% 弱と最も高く，続
いて 2ha 未満が約 25%，5〜10 ha が 25% 弱，3〜5ha が 15%，2〜3ha が 8
% 程度であった[1]（第6-2図）。しかし 1990（平成2）年のセンサスでは都府
県では 3ha 未満，北海道では 10 ha 未満のすべての農家数は減少している
のである。一方，都府県では 3ha 以上のすべての階層の農家数は増加し，特
に 5ha 以上の農家数は 1985（昭和60）年と比較して，約 40% も増加（た

だこの階層の絶対数はきわめて小であることに注意）するようになっている（第9-2図を参照）。また北海道も 10 ha 以上の農家数はほとんどの階層で増加し，特に 30 ha 以上の階層は 15% 以上もの増加率を示しているのである（第 6-1，6-2 図の最近値は付表 7，8 で示されている）。

2 農家所得と農業経営費

　農家所得は農業所得と農外所得から成り立っている。農家所得に占める農業所得の割合（農業依存度）は戦前では 70〜80% 程度も占めていたが，1955（昭和 30）年には約 70% 程度になり，65 年にはおよそ 50%，75 年には約 35%，85 年には 20% を下回るようになった（第 6-3 図）。すなわち兼業所得等の農外所得が大きく増大し，現在では 80% 以上を占めるという事態となっている。これは第 1 節の兼業農家数の増大と対応し，いずれも兼業化の方向に進んでいることを示すものである。一方，農業所得は農業粗収益から農業経営費を差し引いたものであり，農業粗収益に占める農業所得の割合を農業所得率といっている。この農業所得率は 1945（昭和 20）年には 90% 以上を占めていたのであるが，その後の高度経済成長期に急減し，1955（昭和 30）年には約 70% の水準になり，65 年には約 60%，75 年には 55% へと低下し，1985（昭和 60）年には 35% 程度へと大きく低下したのであった（第 6-3 図の下図）。

　一方，第 6-4 図は米の生産費の国際比較を示したものである[2]。この図より日本の場合，労働費と地代がきわめて大きいことがわかるであろう。タイとの差異を考慮すれば，これは経済発展段階の違いにより，労賃や地代が高いことから生じるものであろう。それでは，日本とそれほど差異のない経済発展段階にあるアメリカの生産費が，なぜこれほどまでに低くなっているのであろうか。これは，日本の厳しい土地制約により地代が高くなり，規模が小さいゆえ労賃や農機具費も高くなるということを示していると解釈できるの

▨ 第 6-3 図　農業依存度と農業所得率の推移

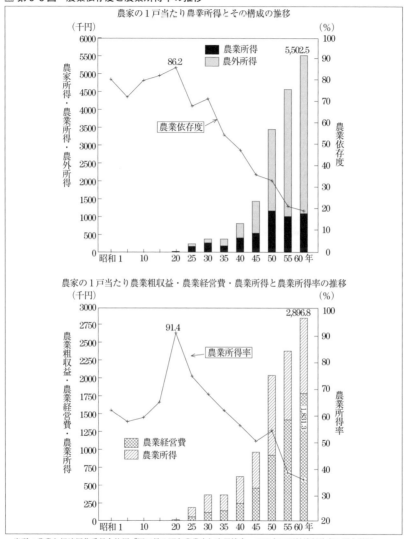

出所：農業と経済編集委員会他編『図で見る昭和農業史』富民協会，1989 年の西村博行論文の図を引用。

▨ **第6-4図　米の生産費と米価の日本・アメリカ・タイ間の比較**

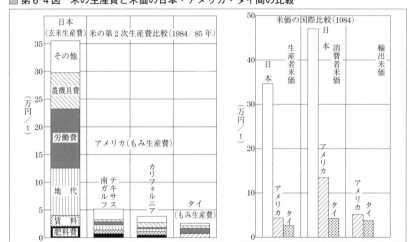

出所：農業と経済編集委員会他編『図で見る昭和農業史』富民協会，1989年の辻井博論文の図を引用。

である。それゆえ，生産費を低下させるには，平場の規模の拡大できる土地
はできる限り規模を拡大する方向に進めなければならないであろう。しかし
第8章で述べるように，日本の現実はそれほどなまやさしいものではないの
である。

3　日本の農業生産要素

　第6-5図は日本農業の明治以降の生産要素投入量の推移を示したものであ
る。これを見ると，土地や労働と比較して肥料は顕著な増加をしてきたこと
がわかるであろう。すなわち，日本農業はアジア型農業の雄として肥料増投
による高土地生産性農業の追求をしてきたのであった。しかしこの肥料投入
も最近では頭打ちの状態になっていることもわかるであろう。これはまず，
肥料投入が飽和状態になったことを示すものであり，1つには日本が豊かに
なるにつれ，それまでの高土地生産性を追求するアジア型農業から高労働生

▨第 6-5 図　**農業生産要素投入量**（昭和元年を 100 とした指数）の推移

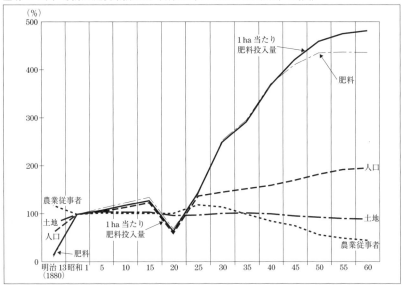

出所：農業と経済編集委員会他編『図で見る昭和農業史』富民協会，1989 年の山口三十四論文の図を引用。

産性を追求するヨーロッパ型農業や新大陸型農業へと変化せざるをえなくなったことを示すものであろう。一方，農業従事者は肥料ほどの顕著さはないが，肥料とは反対に減少してきたのであった。また土地はほぼ一定か高度経済成長期から微減するようになっている[3]。そこで，続いて土地，労働，資本の戦後の動きをより詳細に見ることにしよう。

　まず最初の農業生産要素として，土地を見ることにしよう。日本農業の耕地面積は，戦後から高度経済成長期の 1965（昭和 40）年頃にはおよそ 600万 ha 存在していたが，1970（昭和 45）年には 580 万 ha となり，75（昭和50）年には 550 万 ha，85（昭和 60）年には 540 万 ha 弱となり，1990（平成 2）年には 520 万 ha へと減少してきたのであった。その中で，田は戦後から高度経済成長期の 1965（昭和 40）年頃にはおよそ 340 万 ha 弱存在していたが，1975（昭和 50）年には 317 万 ha へと減少し，85 年には 300 万ha 弱となり，1990（平成 2）年には 280 万 ha へと減少してきたのであった。

また畑は戦後から高度経済成長期の1965（昭和40）年頃にもおよそ260〜70万ha存在していたが，1965年以降に急減し，70年には240万ha弱へと低下したが，1975（昭和50）年，85年は240万haを維持したのであった。そして1990（平成2）年には240万ha弱とわずかに低下したが，ほぼ240万haの水準を維持しているのである。一方，耕地利用率は戦後の昭和30年代の半ばまでは裏作が行われていたため，135％前後を示していたが，その後は急減し，1965年で125％弱，70年には110％弱へと落ち込み，その後はおよそ100％程度となっているのである。

　第2の農業生産要素である労働に目を移すと，農業就業人口は終戦直後には1600万人を超えていたが，1960（昭和35）年には1400万人台へと減少し，65年には1100万人台，70年には1000万人台となった。その後，1975（昭和50）年には800万人弱，80年には700万人弱，85年には630万人程度となり，1991（平成3）年には463万人へと大きく減少したのであった。このように，農業就業人口は激減しているが，それにも増して問題となるのはその内容である。すなわち，農業労働者の高齢化の進展がきわめて大きな問題となっている。また逆に，新規卒業者のうち農業に就職する数は激減しているのである。新規卒業者のうち農業に就職する数は1990（平成2）年に2000人以下（1800人）となり，1991（平成3）年には1700人となっている。この値は1975（昭和50）年頃の1万人以上，1965（昭和40）年頃の6万人以上の値と比べると考えられない数であり，農業軽視の風潮と相まって激減していると思われるのである。

　第3の生産要素である農業資本（固定資本と流動資本）は範囲が広いので，農業機械と肥料とに焦点を絞って見ることにしよう。まず肥料に関しては，第6-5図ですでに見たように，最近は頭打ちの状態であった。それゆえ，ここでは農業機械に焦点を当てることにする（第6-6図）。農業機械は昭和30年代後半から昭和40年にかけてはおよそ1000億円の生産実績があったが，昭和40年代の後半に入り急成長し，昭和47〜48年には2000億円，昭和40年代後半には4000億円以上になり，昭和50年には6000億円の水準に達す

■ 第6-6図 農業機械の生産実績の推移

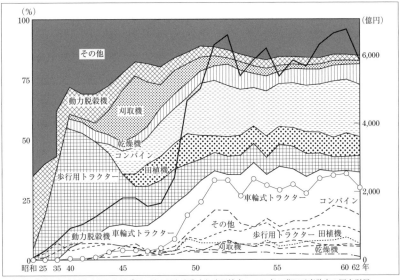

出所：農業と経済編集委員会他編『図で見る昭和農業史』富民協会，1989年の藤田元彦論文の図を引用。

ることとなった。その後はやや頭打ちの状態となり，6000億円前後の大きさとなっているのである。この農業機械の内訳としては，第6-6図が示すように，昭和20年代には動力脱穀機が最大の生産実績を持っていたが，その後の高度経済成長期に歩行用トラクターのシェアが大きくなり，逆に動力脱穀機のシェアが小さくなったのであった。昭和40年代に入ると車輪式トラクター，刈取機，コンバインや田植機のシェアが大きくなり，代わって歩行用トラクターのシェアが小さくなったのである。その後1965（昭和40）年から75年になると，刈取機のシェアが急減し，逆にコンバインが拡大するようになった。現在では車輪式トラクターのシェアが最大で，30%以上の生産実績を持ち，コンバインが25%程度の大きさで続き，田植機，乾燥機が10%前後の大きさを持つようになっているのである。これらの農業機械の急増は上述の農業労働の減少と裏腹な関係にあったのであった。[4]

第 Ⅲ 部

日本農政の課題と展開方向

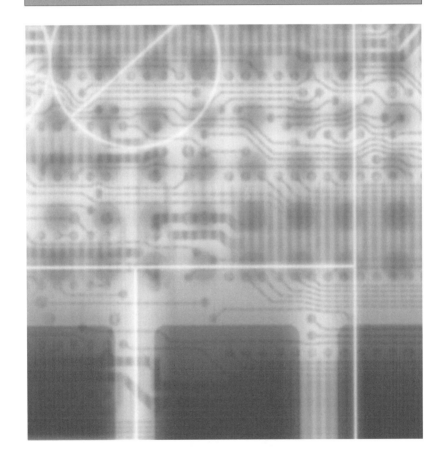

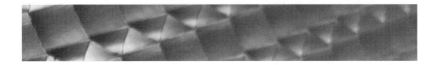

第7章　財政金融構造の変化と農業

　現在の日本経済は，不況の最中にあるが，これまでも国際化にともない，財政面では行政改革や国債問題，金融面では金融の自由化等の大きな問題を抱えてきたのであった。それにより，農業にも大きな影響を与えてきたのである。そこで，ここではこの財政および金融構造の変化と農業との関係について考えてみることにしよう。すなわち，第4章ではいわばモノの構造や変化と農業の面を見たのであるが，ここではカネの構造や変化と農業について見ることにする。

1　財政構造の変化と農業

　日本の一般会計歳入は1992年で72兆2180億円となっている。そのうち租税および印紙収入は80％以上，国債等の公債金収入は約10％程度，残りは税外収入である。よく知られているように，一般会計の財源としての租税は，大きく分けると直接税と間接税の2つに分けられる。このうち直接税は所得税，法人税や相続税を指し，間接税は酒税，物品税やかつて大きく騒がれた消費税等を指すものである。日本の場合，この直接税の割合は7割強，間接税は3割弱であり，アメリカ（直接税は9割）と欧州（旧西ドイツやイ

▨第 7-1 図　昭和 40 年代以降の農業予算

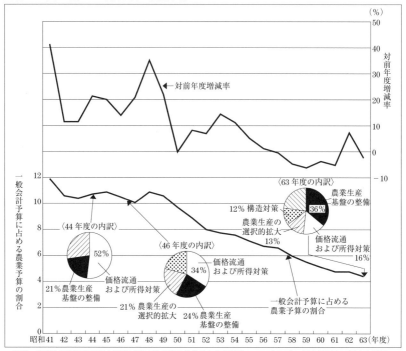

出所：農業と経済編集委員会他編『図で見る昭和農業史』富民協会，1989 年の中の松久勉論文の図より引用。

ギリスは 5 割強）との中間の大きさにある点が特徴となっている。この直接
税のうち，法人税は 1950 年代後半から 1970 年頃までは所得税を上回ってい
たのである。例えば，1955 年には法人税は 29.1％，所得税は 19.9％であり，
また 1970 年には法人税が 30.3％，所得税が 28.7％と，いずれも法人税が所
得税を上回っていたのであった。しかし 1973 年の石油ショックにより，企
業が不況になり，この法人税の比率は大きく低下するようになり，1975 年
には法人税の比率は 20％以下へと低下した。逆に所得税の方はその比率が
増大し，1989 年には 30.1％と 30％の水準を超えるようになったのである。
　一方，1992 年の一般会計予算の経費別の内訳を見ると，国債費が 22.8％
（1985 年は 19.5％，以下カッコ内は同年の値）と最も大きなシェアを持ち，

続いて地方財政関係費の 21.8%（18.5%），社会保険関係費の 17.6%（18.2
%）が 10% を超え，以下公共事業関係費の 9.6%（12.1%），文教科学振興
費の 7.9%（9.2%），防衛関係費の 6.3%（6.0%），その他へと続いている[1]。
このうち農業に関係する食糧管理費は 1985 年の 1.3% から，1992 年には 0.5
% へと大きく低下したのであった。この点は行政改革や農業・農政批判に
より，農業予算が削減されたことを反映するものである。また農業予算の割
合も 1965 年頃には 10% 以上もあったが，その後はほぼ継続的に低下し（第
7-1 図），1992 年には 2% の水準へと低下しているのである。

1-1　石油ショックと国債発行

日本経済はよく知られたように，第 2 次世界大戦により壊滅状態となった
が，復興期に急速に回復し，さらに高度経済成長期に入って大きく発展した。
しかし 1973 年に生じた石油ショック後は，いわゆるインフレと不況の混合
したスタグフレーションに陥った。そして日本経済はマイナス成長となり，

▨第 7-2 図　国債依存度の国際比較

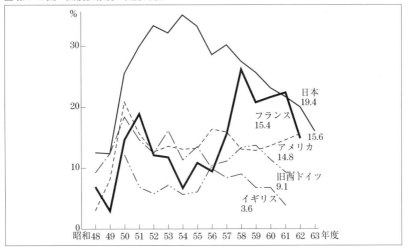

出所：日本経済新聞社編『ゼミナール日本経済入門』日本経済新聞社，1989 年，182 ページより引用。なお，
　　　国債依存度＝国債発行額／一般会計歳出額である。

収入は減少した。またケインズ政策により，支出は大きく増大し，それゆえ赤字を国債で埋め合わせるようになったのであった。この国債発行額は1975年には2兆円程度のものであったが，1979年にはその値がピークとなり，15兆円余となった。そして一般会計蔵出額に対する国債発行額の割合である国債依存度は，それぞれ9.4%から39.6%へと大きく増大した（第7-2図参照）。しかし，その後は低下し，1992年には，この国債発行額は7兆円余となり，国債依存度も10.1%へと大きく低下しているのである。

　しかし国債残高は依然として増大し，1975年の15兆円弱から1979年には56兆円余，さらに1992年には174兆円へと急増したのであった。またこの国債残高のGNPに対する値は，1975年には10%弱であった。しかし，1984年には40%以上の値となり，1986年では約43%（1992年は36%）とGNPの約半分近くにも達する大きさとなったのである。このように，国債の発行額自体は大きく低下したが，国債残高は依然大きなものとして残り，莫大な借金となっているのである。

1-2　行政改革と農業

　よく知られたように，高度経済成長期には行政機構が肥大化した。また，1979年の総選挙では，消費税反対の結果が示され，増税よりも行政改革を国民は要求したのであった。そこで，1981年3月に土光敏夫元経団連名誉会長を会長とする第2次臨時行政調査会が発足し，国鉄の民営化や健康保険の自己負担の増加，補助金の整理・合理化等が行われたのであった。それにともない，農業や農政にも強い批判がなされ，農業予算比率が大きく低下させられるようになったのである。この点はアジア型農業の雄である日本農業を，ヨーロッパ型農業や新大陸型農業のように高労働生産性の農業へと転換する必要上，莫大な投資が必要な時期に当たっていた日本農業にとり，きわめてタイミングの悪い出来事であった。さらに行革は，土光会長が現在の日本とローマ帝国の末期状態とが，あまりにも酷似しているため，ローマ帝国の二の舞を踏まないようにするために行ったものであった。しかし，ローマ

帝国の崩壊の最も大きい原因の 1 つは農業を軽視し，他国に食料を依存した
ことだといわれている。行革および米の自由化の決定はこの点を軽視し，ロー
ーマ帝国と同じ道を歩もうとしているが，飽食グルメの時代ゆえ，この点に
気づく人は少ないのである。

1-3　農業予算の変遷と問題点

　一般会計予算に占める農業予算割合は，戦後の 1946（昭和 21）年度には
約 8% 程度であったが，1949（昭和 24）年度には 13% を超え，1953（昭和
28）年度には 14% 以上となった。しかしその後は 8% 前後の水準へと戻っ
たのである。ところが 1961（昭和 36）年の農業基本法の制定により，再び
増大し，1966（昭和 41）年度には 12% の水準へと増加した。その後も 1972
〜73 年の食料危機により，1975（昭和 50）年まではほぼ 10% の水準かそれ
以上の水準を保っていたのであった。しかし，スタグフレーション，行政改
革や貿易摩擦等により，1975（昭和 50）年度以降は農業予算比率はコンス
タントに低下し，1985（昭和 60）年度には 5%，1992（平成 4）年度には 2
% の水準へと低下しているのである（第 7-1 図）。この点は，アメリカや
EC の農業予算比率の増大とは好対照なものであった（第 3-4 図）。

　一方，この農業予算の中に占める各政策費の割合を見ると，日本では，価
格・流通および所得政策費の割合は大きく低下 ［1975（昭和 50）年度は
48.6% であったのに対し，1992（平成 4）年度には 14.6% へと低下］したの
に対し，構造政策費の割合は 5.2% から 11.8%，また生産政策費の割合は
40.1% から 63.6% へと増加したのであった。この点はアメリカや EC の価
格・所得政策費の割合が大きく増大した点とは好対照なものとなっている[2)]。
いずれにしても，従来とはまったく異なった，高労働生産性農業を追求しな
ければならない日本農業は，現在こそ莫大な農業予算が必要な時期なのであ
る。その意味で農業予算比率の大きな低下は，貿易摩擦の時期とはいえ，か
つ財政縮小の時期とはいえ，大規模化のための基盤整備の必要性等日本農業
の改善が必要不可欠な現在にまったく逆行するものであろう。

2　金融構造の変化と農業

　日本経済のストック化は経済のグローバル化，内需拡大政策，産業の高度化，生活の高度化とともに，バブル経済の崩壊以降の日本経済の大きな特徴の1つとなっていた。そして国民総資産規模の対 GNP 比は 1970（昭和 45）年の 8.1 倍から経済のストック化という言葉がしばしば使われた 1987（昭和62）年には，15.5 倍へと大きく増大したのであった。この増大した国民総資産の中においても，金融資産と土地はともにそのシェアを大きく増大させていたのであった。[3] そこでこの金融資産の，バブル崩壊以前の 1988 年の構成比を第 7-1 表で見ると，家計では定期性預金（44.86％）が最も大きく，保険等（19.73％），株式（14.50％），現金・流動性預金（9.10％），信託（6.65％），有価証券（5.16％）の順となっていた。しかし，その中では株式の伸びが最も大きく（1980 年の構成比率と比べると 1988 年のものは 1.64 倍へと増大している），続いて保険（1.42 倍），信託（1.12 倍）等はその比率を増大

▨ 第7-1表　家計および企業の金融資産の構成比

		1980 年(%)	85 年(%)	88 年(%)	88 年/80 年(倍)
〈家計〉	保　　険　　他	13.86	15.87	19.73	1.42
	現金・流動性預金	12.48	9.77	9.10	0.73
	定 期 性 預 金	51.34	48.44	44.86	0.87
	信　　　　　託	5.96	6.87	6.65	1.12
	株　　　　　式	8.84	11.43	14.50	1.64
	有　価　証　券	7.52	7.62	5.16	0.69
〈企業〉	売　上　債　券　他	59.35	51.45	43.73	0.74
	現金・流動性預金	11.45	9.63	7.56	0.66
	定 期 性 預 金	15.83	16.75	19.00	1.20
	C　　　　　D	0.62	1.72	2.55	4.11
	信　　　　　託	1.82	2.39	5.38	2.96
	株　　　　　式	8.73	14.83	20.11	2.30
	有　価　証　券	2.20	3.22	1.67	0.76

出所：経済企画庁『平成元年版経済白書』大蔵省印刷局，1989 年の 598 ページを加工。

させ，逆に有価証券（0.69 倍），現金・流動性預金（0.73 倍）や定期性預金（0.87 倍）等はその構成比を減少させていたのであった。

　一方，企業では，売上債券等のシェア（43.73％）が最も大きく，株式（20.11％），定期性預金（19.00％），現金・流動性預金（7.56％），信託（5.38％），CD（譲渡性預金）（2.55％），有価証券（1.67％）の順となっていた。しかし，その中で CD の伸びは最も大きく（1980 年比率の4.11 倍），信託（2.96 倍），株式（2.30 倍），定期性預金（1.20 倍）とともにその構成比率を増大させ，逆に現金・流動性預金（0.66 倍），売上債券（0.74 倍）や有価証券（0.76 倍）等はその構成比率を低下させていたのであった。さらに短期金融市場でも，これまでに多くのシェアを占めた手形やコール等のインターバンク市場に代わり，現先，CD や CP（コマーシャル・ペーパー）等が中心のオープン市場がより優勢な力を持つようになっていたのである。またバブル崩壊以前は，金融資産と土地との結びつきや株式と他の金融資産との結びつき等が強くなり，地価と株価やその他の金融資産の価格がお互いに大きく影響し合うようになったのであった。[4] そして，この地価の高騰は農業，特に都市農業に宅地並み課税の実施をもたらしたのであった。

2-1　国債と金融の自由化

　世界的に見て，今日の保護や規制を持つ金融政策がとられるようになったのは，世界恐慌の時期からであるといわれている。しかし第 2 次世界大戦後，世界各国は多くの規制を緩め，金融自由化を助成する政策をとるようになった。日本はこの点において，先進国の中で遅れをとっていたが，1979 年の CD の創設が実質的な金融自由化の始まりであったといわれている。そして1980 年代になり，金融の自由化は日本においても大きく進展した。日本の場合，国債の発行，金融の国際化および金融業務の技術革新等の諸要因により，金融の自由化がもたらされたのであった。この点，インフレが引き金となったアメリカの場合とは少し異なっていた。[5] すなわち，アメリカの場合はインフレによる預金の目減り現象から預金者は利息の高い自由金利商品へと

選好し，MMF（マネー・マーケット・ファンド＝短期市場証券を組み込んだオープン型の投資信託），MMDA（マネー・マーケット・デポジット・アカウント）やスーパーNOW等の創設が相次いだのであった。

　ところが，日本では大蔵省が1977年4月以降，金融機関の保有する赤字国債（発行後1年を経過したもの）の売却を認めた。この売却の自由化により，国債が大量に流通市場に出まわるようになった。そして国債の流通利回り（自由金利）が形成されるようになり，金融の自由化を促進させたのであった。また日本の金融・資本市場を海外に開放する金融の国際化は，自由化が大幅に進んでいる欧米の金融機関の進出を許し，金融の自由化，業際規制への撤廃に大きな圧力となったのであった。さらに円の国際化の進展は，ユーロ円（日本以外の銀行に預けられている円建て預金）市場を拡大し，自由金利であるユーロ円取引が拡大することにより，金融自由化が進むことになった。そして，外国の金融機関の日本進出が開始されるとともに，相互の競争が激しくなり，金利の自由化，弾力化がいっそう進められることになったのである。

　さらに，これらの国債の大量発行や金融の国際化とともに銀行のコンピュータ化等の金融事務の技術革新により，自由化が促進させられたといわれている。すなわち，これらのコンピュータ化等により，従来の手計算では不可能であった各種の高利回り金融商品の複雑な計算が可能となり，自由化が進められるようになったのである。[6]以上のように，金融の自由化はアメリカとはかなり異なった要因により，推進されたのであった。

2-2　金融の自由化と農業

　農業金融は農協系統機関による貸出，長期低利の貸出を行う農林漁業金融公庫，さらには制度資金等の政策融資等，国の制度と財政による人為的・政策的な金融が行われている。それゆえ，金融市場の中では独自の分野を形成していたのであった。しかし，この農業金融の独自性も高度経済成長期以降次第に崩れ，金融の自由化は，この独自性の崩壊を大きく促進させるように

なった。この金融の自由化に対し，農協の貸出は 2 つの大きな問題を抱える
ようになった。すなわち，第 1 は貸出金利の柔軟性ないしは弾力性の問題で
あり，第 2 は貸出体制の弱さの 2 点であった[7]。第 1 の貸出金利の柔軟性ない
しは弾力性問題というのは，農協が組合員間の平等の原則という性格を持つ
ゆえ，他の金融機関のように金利を相手により変えるということは問題とな
りやすいのである。その点他の金融機関はきわめて柔軟に対応しており，こ
の点において農協は他の金融機関に遅れをとることになったのである。

　第 2 の問題の貸出体制の弱さというのは，文字通り金融機関としての貸出
体制が弱いということである。すなわち，農協は他の都市銀行，地方銀行等
に比べ，規模が小さく，いろいろな面で大きなギャップを持っているのであ
る。以上のような問題点や，後述の農業生産融資の伸び悩み等により，農協
の貸出も伸び悩み，厳しい貸出競争の激化の下で，農協系統機関の貯貸率
（貸出残高／貯蓄残高）は低下していったのであった。この余った資金は国
債等の証券市場へと流れたのである。それゆえ，農協系統機関の貯証率（有
価証券／預貯金）は 1965 年 20.8％ であったのが，1985 年には 51.3％ へと
大きく増加した。これは都市銀行が同時期に 18.1％ から 17.7％ へと低下し
たのとは好対照をなすものであった[8]。

　またバブル経済の崩壊以前は，金融の自由化も進み，多様な商品が出現す
るとともに，金融資産全体も大きく増加したことはすでに見た通りである。
そしてこの金融資産と土地，株式や外国投資との結びつきや相互依存関係が
強くなっていたのであった。その意味で，含み資産を持つ土地の評価が上が
り，人々は国内的のみならず国際的な財テクマネーゲームに熱中するように
なっていたのである。そしてこの地価の高騰は宅地並み課税の実施等，農業
にも大きな影響を与えるようになっていたのであった。しかし，バブルの崩
壊とともに，これらの金融資産，土地，株式の資産価値が暴落し，農協も大
きな窮地に立たされることになったのである。

2-3　農業金融の変遷と問題点

　日本の農業金融は農業特殊銀行（北海道拓殖銀行等）および産業組合という2つの柱を持って，明治後期（1890年代）に制度的に始められたといわれている。そして1930年代に現在の農業金融の原型が形作られ，戦後の高度経済成長期に完成したのであった。また，戦後になり，食料増産を目的とする土地改良事業を行う際に，長期的かつ低利な資金を供給する機関として農林漁業金融公庫が設立された。そして高度経済成長期の農業基本法においても，農業金融はその主要な政策手段の1つとして使われたのであった。しかし，兼業化の進展とともに，農業金融の性格もかなり異なるようになり，問題も現れるようになってきた。また1970年代後半から1980年代にかけ，日本農業は大きく停滞するようになり，農業金融問題も表面化するようになった。加えて金融の自由化問題も発生し，多くの問題を内包するようになった。

　すなわち農業生産融資は伸び悩み，農協金融も貸出の伸びが低下するとともに，制度資金の割合が増大し，普通資金の割合が低下するようになったのである。そして貯貸率は大幅に低下し，有価証券の購入等一般金融との関連が一段と強化されたのであった。また，借入金を期限内に返済できない（固定化負債問題）専業農家が増加し，加えて農協の金融自由化対応の遅れが存在するようになったのである。[9]このように日本の農業金融は大きく変容し，多くの問題を持つようになったのであった。農業生産所得の伸び悩み，貯貸率の大幅な低下に加えて，バブルの崩壊による有価証券の大暴落というダブル・パンチを受けるようになったのである。

3　財政および金融政策と農業

　ところで，財政政策は資源配分，所得再分配や経済の安定化等の機能を，また金融政策は価格の安定，資源配分，完全雇用の実現や国際収支の均等な

どの機能を持っている。もちろん完全雇用の実現や国際収支の均等などは財政政策も持っており，両者に共通する点も多い。一方，財政政策の手段としては政府支出 G や租税収入 T があり，その増減を通して所得 Y や利子率 r を変化させるのである。また金融政策の手段としては，①公定歩合の操作，②窓口規制，③公開市場操作（日銀による有価証券や手形の売買）や，④支払準備率（日銀による金融機関の預金の一部を無利子かつ強制的に預っている部分）等がある。これらにより貨幣の数量をコントロールし，利子率や所得を変動させるのである。それでは，財政政策や金融政策は農業とどのような関係にあるのかという点について見ることにしよう。財政・金融政策は究極的には，利子率，所得や物価の変動を通し円相場に影響を与え，円高や円安を生じさせる。それにより日本農業に大きな影響力を持つのである。すなわち国内の所得や利子率は実物市場の均衡線である IS 曲線と金融市場の均衡線である LM 曲線により決定されている（第 1-4 図）。

　この国内均衡点が国際収支均衡線（BP 曲線）より上方にあれば，国際収支は黒字，逆の場合は赤字となり，現在の変動為替相場制の下では黒字の場合は円高，赤字の場合は円安になるのである（第 1 章および付録を参照）。以上のメカニズムを通し，財政政策（IS 曲線をシフト）や金融政策（LM 曲線をシフト）は利子率に影響を与え，為替相場を変動させ，ひいては日本農業に大きな影響を持つことになるのである。つまり明治期等の農業部門が大きなシェアを持っていた時代では，農業部門の問題は，主として農業部門（＝経済部門）内で考えれば十分であった。しかるに，経済が発展し，非農業部門が発達するにつれ，シュルツのいう農業と非農業問（ベトウィン）の問題（ベトウィン・プロブレム）が大きな問題となった。しかし，現在の農業は，このいわゆる農工間の問題のみならず，世界との問題を考える必要があり，その意味で対象がいっそう大きく広がってきたのである。

　そこで，日本農業に大きな影響を持つ財政金融政策と，その結果より得られる国内均衡点の理論的説明を行うことにしよう。すなわち国内均衡点を得るには，実物市場の均衡線 IS 曲線と金融市場の均衡線である LM 曲線の導

出が必要である。この点を示したのが付録の第 10a 図である。IS 曲線は上図のように，右下がりの曲線として得られるのである。それでは，ここで財政政策により政府支出が増加した場合を考えてみることにしよう。その結果，投資曲線は政府支出の増分（ΔG の大きさ）だけ左側に平行移動することになり，IS 曲線はそれにともなって右にシフトする。逆に租税 T が増加した場合には貯蓄曲線が租税の増加分（ΔT の大きさ）だけ大きくなり，下方に平行移動し，IS 曲線はそれにともなって左にシフトすることになる。すなわち，財政政策により租税 T や政府支出 G を変化させることにより，実物市場の均衡線である IS 曲線を左右にシフトさせることができるのである。

　一方，金融市場の均衡線である LM 曲線の導出も付録の第 10a 図で示されている。結論として，同図で示したように金融市場の均衡曲線である LM 曲線は右上がりの線として得られるのである。また，金融政策により，貨幣の供給量 M^s を増大（ΔM^s の大きさ）させると，LM 曲線は右にシフトする。それゆえ，金融政策の手段である公定歩合操作，窓口規制，公開市場操作や支払準備率の変更により貨幣供給量を増減させることにより LM 曲線を右や左にシフトさせることができるのである。つまり，財政政策や金融政策により，IS 曲線や LM 曲線をシフトさせ，それにより両者の交点を変動させ，利子率や所得を変化させ，ひいては円相場に影響を与え，さらには農業への影響の大きさをも変えることができるのである。

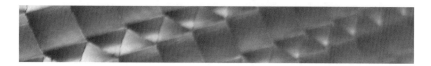

第8章　農業政策の課題と展開方向

　米の自由化が決定された日本農業は，きわめて厳しい立場に置かれている。そして，内外からの農業変革への圧力がかつてないほど強くなっている。その中で，本質的な問題としては，農業が本当に国家にとって必要であるか否かという深層にわたるものまでもあるのである。その点に関し，小島清は次のような主旨のことをいう。「国防と同様，どの国も共同生活を維持するためには食糧の安全確保は最も基礎的な条件である。そして農業は国民経済成立の最初から存続する基礎産業中の基礎産業である。それゆえ農業を維持し，ある程度の食糧自給率を達成することは共同生活体として当然の選択である。それが政治経済学的な立場であり，外国品が安いならば門戸開放せよというビジネス・アプローチでは割切れない問題が農業には残っている[1]」。筆者も同意見を持ち，身土不二（農産物はその土地でとれる旬のものを食べるのが身体に良い）の考えと相まって，農業は国家にとって必要不可欠なものであるとの立場に立っている。この点を認めると，次の3つの政策の柱が現在の日本農業には必要であろう。まず第1の柱として，農産物の自由化圧力や国内での農業予算の削減という状態の下で，条件に恵まれた平場農業地帯での大規模化を図り，技術進歩を生み出し，かつコスト削減に大きな努力を払うことが必要であろう。

　第2の柱は，一方では日本農業は世界一ともいえる厳しい土地制約を持っ

ており，日本農業の効率化を過大評価することは危険であるということであ
る。それゆえ，条件に恵まれない山あいの地や棚田等の地域もその公益的機
能，社会的意義や文化的意義に対し，社会補償的支払い（日本型デカップリ
ング）が必要であるということは，日本経済が過疎の激化等の地域社会の疲
弊，逆に東京一極集中の弊害が大きく出ていることを考慮すれば理解できる
であろう。つまり，日本的デカップリングが必要だというのが第2の柱であ
る。そこで日本農業の効率化にはある程度の限界があるという論の上に立ち，
一方では社会的便益供与産業として，農業は柔構造的側面をも持ち，社会に
便益を与えてきたということを具体的な数値で示し，上で述べた公益的機能，
社会的意義や文化的意義等とともに日本型デカップリングを支払う根拠の1
つとすることにしよう。ガットの経済至上主義の上に立つ理論である自由化
命題はさまざまな問題を露呈している。それゆえ，この自由化命題に代わり，
第3の柱として持続可能な発展という地球的規模に立つ新たな調整原理の提
起を行うことにする。また最後に，日本農業の生産費が国際的に見て割高で
あると批判させるようになった円高を説明するメカニズムを，国際マクロ経
済学や国際金融論を用いて理論的実証的に示すことにしよう。

1　農業政策の現状と課題

① 戦後以降の日本の農業政策

　戦後の農地改革は1952年に制定された農地法によっていた。その農地法
は農地改革の理念が織り込まれ，農地保有面積は3町歩（北海道は12町歩）
に制限され，小作人の耕作権が強く保護されていたのであった。それゆえ経
営面積の拡大は困難であった。一方，農工間不均等発展が顕著になった
1961年に農業基本法が制定され，農工間所得均衡を目指す自立経営や選択
的拡大という政策が取り上げられたのであった。また翌年には農協法と農地
法の一部改正により農地保有の上限規制が緩和され，農業構造改善事業が推

進され，規模拡大による農工間の所得均衡を遂げようとしたのである。とこ
ろが農家は先祖代々の土地を守るという意識や資産保有意識があり，かつ農
地改革の経験により，土地を手放そうとしないため，規模拡大は困難であっ
た。逆に，第 2 種兼業農家が急増し，農外所得により農家所得が勤労者所得
と均衡するという皮肉な状態となったのである。そこで 1970 年に農地法の
大改正が行われ，保有農地面積の上限規制の撤廃，小作料統制の廃止が行わ
れ，借地契約が容易になったのであった。さらに 1975 年には農地法の改正
が行われ，農用地利用増進事業が発足し，10 年以内の短期契約とその解約
を認めるようになったのである。また 1980 年には農用地利用増進法の制定
が行われた。そして 1990 年には借入れ耕地面積の比率は 9.4% までに増加
したのであった。しかしながら，EC 諸国の 30〜50% の水準と比較して，
いまだ低水準にとどまっているのである。

　一方，米価は農工間不均等発展が顕著になった 1960 年に生産費補償方式
が採用され，急速に引き上げられたのであった。それが生産を刺激し，消費
の減退と相まって過剰問題という新たな問題が発生した。特に 1967 年の米
の豊作により過剰在庫が累積するようになった。そこで政府は 1968 年に総
合農政構想を発表し，過剰米対策として翌 1969 年から 3 カ年にわたり米価
凍結と 1970 年からは補助金による休耕・転作田の強制を実施したのである。
しかし 1972 年の旧ソ連の大凶作に端を発する食料危機や翌年の石油ショッ
クにより 1973 年の生産者米価は対前年比で 16.1%，1974 年は 32.2%，1975
年は 14.4% と急騰したのであった。ところが再び事情は変化した。すなわ
ち 1977 年末から 78 年およびそれ以降に日米貿易摩擦問題が持ち上がり，対
内的にも財界や労働界の農業・農政批判が高まるにつれ，米価は 1987 年よ
り再び 3 年連続据置という方向に進んだのであった。その後米価の上昇率は
2% 以下の水準に抑えられ，1985 年，86 年にはまた据置の事態となり，そ
の後は米価引き下げの方向へと進んだのであった。また都市近郊農地問題等
が日米構造協議により，グローバル化した問題として持ち上がったのであっ
た。

　このような日本経済の国際化の進展につれ，日本農業は根本的な変革を余儀なくされてきた。すでにこれまでに見たように，次のような3点が国際化とともに生じてきたのである。第1に，日本経済の世界に占める GNP 比率が 1992 年で 15% 以上（人口比は 2%）にも上るようになり，日本農業も国際的規模から考慮しなければならなくなった。第2に，1973 年の石油危機以来，アメリカにおけるスタグフレーションは財政緩和（不況対策）と金融引締め（インフレ対策）により対処されるようになった。その結果，アメリカでの高金利→ドル高→アメリカ経常収支の赤字→貿易摩擦→円高→日本農産物の内外価格差の拡大→日本農業への批判へと推移するようになった[3]。第3は，日本農業の保護率が最大になる経済発展の段階において貿易摩擦が生じたことである。すなわち第3章で見たように，速水 = 本間の世界のクロスセクションモデル分析によれば，農業人口比率が 6% の時期に保護率（内外価格差）が最大になるとの計測結果が得られているが[4]，日本は 6% の水準にあり，保護率が産業構造的に最も高くなる時期に貿易摩擦が生じたのであった。この点は日本農業にとって非常に不幸な出来事だったのである。

　2　日本の農業政策の目標，手段と課題

　現在の農業政策はその目標や手段が大きな広がりを持つようになり，それぞれの間でトレード・オフ関係を持つようになっている。このようなトレード・オフ関係は国際化が進み，日本の農業に関する問題が著しい広がりを持つにつれ，大きくなったのであった。すなわち，農業基本法における政策目標は農業と他産業の生産性格差の是正，農業従事者と他産業従事者との所得・生活水準の均衡化，農業総生産の増大，農業従事者の福祉の向上の4点のみであり，生産手段は生産政策，構造政策，価格政策，流通政策，貿易政策，環境整備政策の6手段のみであった。ところが，現在の農業政策は産業政策的視点，社会政策的視点，国土政策的視点，消費者政策的視点と国際協調的視点の5政策の視点より成立しているが，産業政策的視点と社会政策的視点および国土政策的視点は相当厳しいトレード・オフ関係を持つのである[5]。

　また現在の農政理念の体系も，基本法での4目標から，第8-1図で示され

▨ 第8-1図　新たな農政理念の体系

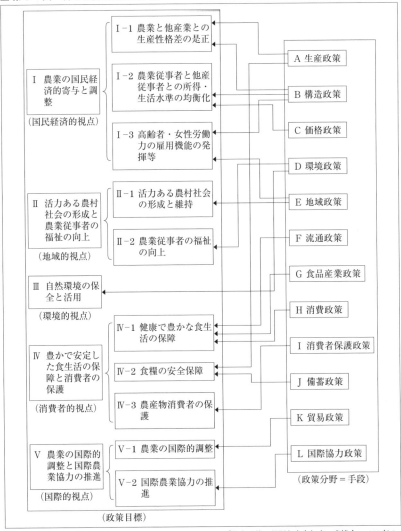

出所：藤谷築次「農業政策の役割と今日的課題」藤谷築次編『農業政策の課題と方向』家の光協会，1989年の
　　　図3-2-4を引用。

たような 11 目標（大きく分類すれば国民経済的視点，地域的視点，環境的視点，消費者的視点，国際的視点の 5 目標）へ，政策手段も 6 手段から 12手段へと多様化，拡大化し，しかもそれらの政策目標間にも厳しいトレード・オフ関係が存在するようになったのであった。それゆえ，藤谷築次は次の 3 つの疑問点が考えられるというのである。すなわち第 1 は，産業として自立しうる農業はきわめて限定されるということである。第 2 は，新しい農政理念が日本農業の効率化の可能性の論拠と批判をかわすためのものであれば，かえって農政不信，国際的信義を裏切る結果となることである。第 3 は，農業の産業規模の絶対的縮小化の容認は農業の社会的便益供与水準を低下させることを意味するという 3 点である。またこれからの農業の理念に求められる新しい要件は，第 1 に理論的，体系的な農業便益論の検討が必要なこと，第 2 に，農業の国際的調整とその他の政策目標との矛盾を解決するための新たな立論が必要となることを藤谷は主張する。そこで，この章ではこの方向を展開したものを後に説明することにしよう。

　続いて現在の日本の農業政策における課題を見ることにしよう。そのためには農業の役割について考慮することが必要であろう。従来より経済発展に対する農業の役割としては食料の供給，労働力の供給，資本の供給，外貨の獲得および市場の提供の 5 点があるといわれてきた。最近では食料の供給以外は影をひそめ，公益的地域基盤産業としての国土・環境保全機能や地域経済社会の維持形成機能等が新しい農業の役割として強調されるようになっている。しかし，これら以外にも高齢および女性労働力の自己雇用機能，雇用調整機能や労働力提供の機能および柔構造的機能は重要であろう。ここでは柔構造的機能について，新しく説明することにする。

　まず，農業の役割を考慮しながら現在の日本の農業政策の課題を考えることにしよう。安い食料を安定的に供給するという課題に対し，これまで正反対の意見が対立していた。1 つは農協をはじめとし，さらに森島賢をはじめとする多くの農業経済学者からなる保護論である。もう 1 つは財界を筆頭とし，さらに速水佑次郎や叶芳和等を含む産業政策的視点に立った米の自由化

論である。[11] 米の自由化が決定された今日，農業政策の方向は，自由化論者がいうように，規模拡大を図り生産コストを低下させることであろう。ところが，①国民 1 人当たり農用地面積が 4a（アール）余（中国で 39 a，インドで 24 a），②1 区画 0.5 ha（アメリカの 6 分の 1 以下）の基盤整備された農地は全体の 2.6% 程度しかない点，③農地の 40% が中山間地域にある等の分散錯圃制や傾斜地を多く含む厳しい土地制約を考慮すると，産業政策的視点に立つ自由化論には，中嶋千尋や藤谷築次がいうように大きな限界が存在するのである。[12] そこで現在の日本農業政策の基本的課題は，やはり上で述べた目標間（特に社会政策的視点，国土政策的視点対産業政策的視点）のトレード・オフ関係の調整ということが大きな課題となるのである。

　より具体的な今日的課題といえば，上で述べた政策（規模拡大と技術進歩の創出，日本型デカップリングの実施，新しい調整原理の提起）を行う際に生じてくるマクロ的調整，アウトプット調整やインプット調整であろう。ここでマクロ的調整というのは国際的調整，国内的調整，地域的調整を指し，アウトプット調整やインプット調整にも大きな影響を与えるものである。国際的調整というものはアメリカ，EC や日本の間で調整が必要なものであり，現在では関税化の問題，保護削減の問題や輸出補助金に対する調整等の問題を意味するものである。国内的調整というものは農業者，消費者，納税者と財界等との調整問題であり，特に農業者と財界との対立は周知のようにきわめて深刻である。また地域的な調整というのは四全総の多極分散型開発の行き詰まりや，国庫支出金問題のように，地方公共団体の重要な事業を国に委ねざるをえないというような国対地方公共団体の間，あるいは東京対地域間の調整等を意味するものである。[13] アウトプット調整というのは生産農業所得の絶対的ないしは実質的減少，および米や柑橘等の過剰を抑えるための生産調整問題等を意味するものである。インプット調整というのは労働力に関しては，担い手の問題や後継者問題等を指すものである。また土地に関しては農地利用率の低下，土地制約のきわめて厳しい日本の農地余り現象問題等を意味するものであり，さらに資本に関しては，農機具等の資本過剰問題や農

業技術進歩のコスト削減問題等を指すものである[14]。

2　農業政策の理論的基礎

1　農業の外部経済と柔構造

　ある国が国内で相対的に安く生産される財に特化を行い，輸出し，そうでない財を他国から輸入すれば，双方の貿易国が利益を得ることができ，国内資源の最適配分にも役立つことになるというリカードの自由化命題はよく知られた理論である。このリカード説はヘクシャー＝オリーンにより，よりいっそう展開され，ある国の比較優位性はその国の資源賦存状態に依存し，相対的に豊富にある資源をより集約的に投入して生産される財に比較優位を持つと主張した。ところが完璧と思われたヘクシャー＝オリーン説は，レオンチェフによりアメリカの現実とはまったく合わないことが発見され，レオンチェフの逆説と騒がれたのであった。この点は仮定が現実と合わなかったことが最大理由の1つであった。

　リカード等の自由化命題を農業に当てはめる場合も，この点の注意が必要である。自由化命題には，①外部経済や外部不経済が存在しないこと，②生産要素の移動が完全で，瞬間的にできること，③完全雇用と価格が伸縮的であること，④完全競争，⑤収穫一定，⑥静学的な仮定に基づき，長期的効果はあまり考えていないこと，⑦国際収支が均等していること，⑧輸送費を無視すること等の多くの非現実的な仮定があるが，これらはほとんどの場合，農業には当てはまらないものである。農産物の自由化問題には，①外部性の不在，②生産要素の移動の完全性，③静学的仮定の3点は非常に厳しい仮定であり，この自由化命題は根本的に覆えされても仕方のない原因となっている。外部経済や外部不経済に対しては，補助金や租税で有効に対処し，他の仮定も緩められれば自由化命題を正当化できると考えられる。

　しかし農林業の持つ外部経済性は，現在のところドイツのように，国民的

合意が得られている状態とはいえないものであろう。例えば農林業の外部経済に対しては，1980（昭和55）年度の計算で次のようになっている。農用地（カッコ内は森林）の換算額は，①水資源涵養8500（3兆5000）億円，②土砂流出防止1000（5兆1800）億円，③土壌崩壊防止－（1200）億円，④土壌による浄化1400（－）億円，⑤保健休養2300（3兆4300）億円，⑥野生鳥獣保護－（1兆200）億円，⑦酸素供給大気浄化10兆8500（11兆2000）億円となり，合計農用地で12兆1700億円，森林が24兆4500億円の合計36兆6200億円にも上っている。また柔構造的便益も第8-1表で示されるように厳然と存在するのである。しかしながら，これらの農林業の公益的機能や柔構造の外部経済効果に補助金を与えるという世論を得るには時間が必要であろう。このような状態では自由化命題は成立しないのである。

　続いて農業は柔構造的な面を持っているという点に話を移すことにしよう。第3章で見たように，農業保護の論拠としては食料の安全保障，環境・国土の保全（外部経済効果），幼稚産業的保護（農業構造改善等），所得不均衡の是正（農業技術の開発と普及），価格安定，地域社会・経済の振興の6点をあげていた[15]。しかし農業はこれら以外にも社会保障的柔構造の維持という側面を持っているのである。この柔構造は藤谷築次により，労働力の面で提唱されていた[16]。この農業部門の労働力の好不況時におけるクッション的な働きは，戦後には役割が小さくなったといわれている。ところが現在も農業部門は高齢者や女性労働力が多く，その雇用調整機能を考えるならば，依然としてかなり大きな役割を持つものであろう。また現在の自由化圧力の下での農業では，雇用吸収力が低下している可能性も考えられるが，農業はもともと潜在的には大きな力を持っているのである。しかも農業が正常な状態へと回復した場合や，いざという場合には土地があるゆえ，この機能はより大きいものであろう。

　藤谷築次のいう農業部門の柔構造は労働力の面についてであるが，この柔構造は農業技術進歩の経済への貢献という面にも当てはまるのである。ここではこの点を具体的な数値で示すことにしよう。第8-2図の1人当たり所得

▨第8-1表　農業技術進歩と柔構造

	(1) $\dot{E}$	(2) CET_1	(3) CET_2	(4)＝(1)－(2)
1880	2.7 (100)％	1.3 (48)	1.2 (44)	1.4
1890	2.2 (100)	0.5 (23)	1.3 (59)	1.7
1900	1.3 (100)	0.6 (46)	0.1 (8)	0.7
1910	2.6 (100)	1.1 (42)	−0.7 (−27)	1.5
1920	0.5 (100)	0.3 (60)	−0.4 (−80)	0.2
1930	3.9 (100)	0.1 (3)	1.7 (44)	3.8
1950	7.1 (100)	0.9 (13)	3.5 (49)	6.2
1960	10.0 (100)	0.4 (4)	5.9 (59)	9.6

注：$\dot{E}$ は1人当たり実質所得の成長率（％）を示し，CET_1 は農業技術進歩 T_1 の E への貢献度を，CET_2 は非農業技術進歩 T_2 の E への貢献度を示す．カッコ内の数値は E の成長年を100とした場合の貢献度合（％）を示す．

出所：「わが国経済の成長会計分析──書評への反論と新モデルによる計測」『国民経済雑誌』第150巻・第3号，1984年9月より加工．

▨第8-2図　各要因の1人当たり所得への貢献度

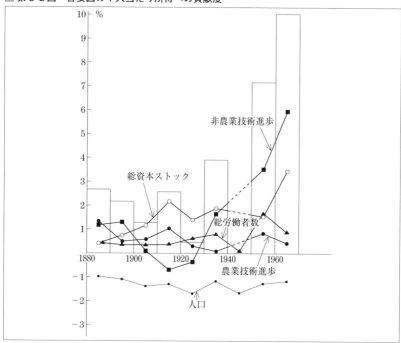

出所：山口三十四『日本経済の成長会計分析──人口・農業・経済発展』有斐閣，1982年より加工．

の図（この図はすでになじみのものであるが，棒グラフは 1880 年から 1970
年までの各 10 年ごとの 1 人当たり所得の実質成長率を表している。また折
線グラフはその成長に対する各要因の貢献度を示すものである）あるいは第
8-1 表を見れば，戦後の高度経済成長期や戦前の好況期には非農業技術進歩
の貢献は顕著なものであることがわかるであろう。すなわち非農業技術進歩
は 1 人当たり実質所得の成長に 50% 以上もの貢献をしていたことがわかる
のである。しかし戦時期や不況期の 1900 年代，1910 年代や 1920 年代には，
非農業技術進歩の貢献度はそれぞれ 8%，−27%，−80% とゼロに近い値か
大きいマイナスの値しか持たなかったことを歴史は教えるのである。言い換
えれば，非農業技術進歩は好況期には経済を引っ張るパワフルなエンジンで
あるが，不況期には一転して経済の足を引っ張る性質のものであった。

　ところが，農業の技術進歩の方はすべての期間を通し，きわめて安定的な
貢献を行っていたのであった。上述の 1900 年代，1910 年代や 1920 年代の，
それまでは地味で目立たない存在であった農業技術進歩の貢献は 40〜60%
にも上っているのである。それでは農業技術進歩の貢献がなければ，1 人当
たり実質所得の成長率はどの程度になっていたのであろうか。計算すれば，
1 人当たり実質所得の成長率は 1900 年代は 0.7%，1910 年代は 1.5%，1920
年代は 0.2% へと大きく落ち込んでいたことがわかるのである［第(4)欄］。
戦前の大不況期の 1920 年代の 1 人当たり実質所得の成長率が 0.5% であっ
た点を考慮すれば，農業技術進歩が存在しなければ経済は壊滅状態になり，
1900 年から 1930 年までという長期間の大不況状態が続いていたと推定され
る。この数値より改めて農業は不況になればより強さを発揮し，柔構造的役
割を果たしているということがわかるのである。

　② **円高と内外価格差および為替レートの理論**

　すでに述べたように，円高による内外価格差の拡大は日本農業に甚大な外
圧や内圧と呼ばれる批判をもたらしてきた。この円高を生じさせた要因はど
のようなものが考えられるのだろうか。まず，日本の金利の上昇は内外金利
差を求める誘因となり，円高にさせる要因となることがわかるであろう。ま

た，経常収支，貿易収支，資本収支の黒字や日本の物価の下落は円に対する需要を増大させ，これらも円高要因となるのである。ところが，所得の増加に関しては輸入の増大（円安）と投資活動等の活発化（円高）という相反する効果を持つゆえ，これらの両者の相反する大きさの差に依存することになる。これらの要因のうち金利，物価や所得は主として財政政策や金融政策によりコントロールされている。すなわち，財政緩和は政府支出を増大させるゆえ，IS 曲線を右にシフトさせ，金融引締めは LM 曲線を左にシフトさせ,[17] 物価を下げることになる。その結果はともに高金利，円高にさせる要因となるのである。

　為替レートの直接理論で最初にあげなければならないものは，両国の物価比率をもとにした購買力平価説であろう。これは為替レートを説明する長期理論ともいうべきものであり，長期トレンドとしてはよく適合する理論である。しかし物価比率は短期的な変動を説明しがたく，そこで次に考えられるのが経常収支や金利差の 2 要因である。この理論には，付録の利子率のみに焦点を当てた利子率平価説やオーバーシューティング・モデル，一方では利子率と経常収支の両者を考慮に入れたポートフォリオ・バランス・アプローチとがある。この中では，ポートフォリオ・バランス・アプローチが利子率と経常収支の両者を考慮に入れているため，最も優れた理論といえよう。このポートフォリオ・バランス・アプローチを用いると，日本がこれまで行ってきた，①日本の財政緩和，②金融の国際化や，③経常収支の黒字はすべて円高の方向へ進める要因となることを，理論的に示すことができるのである

▨第8-2表　為替レートと経常収支および金利差との間の推定結果

		b_1	t	b_2	t	R^2	DW
(1)	1973.　1〜1981.　1	−1.06	−2.04	−0.84	−1.93	0.20	1.36
(2)	1981.　4〜1989. 10	−0.61	−3.98	−1.83	−2.08	0.43	2.07
(3)	1973.　1〜1981.　1	−0.95	−2.73	−0.87	−8.56	0.74	1.09
(4)	1981.　4〜1989. 10	−0.43	−3.48	−0.88	−9.90	0.79	1.07

注：推定式は $\log E - \log E^* = b_0 + b_1 A + b_2 B$ である。詳細は本文を参照。
出所：山口三十四「農政論の課題と展望」頼平編『国際化時代の農業経済学』富民協会, 1992 年より引用。

（詳細は付録を参照）。

　続いて，計量分析に入ることにする。すなわち，このモデルや他のモデル
を用いて，日本の金利や経常収支が為替レートにどの程度の影響度合を持つ
かを計量的に調べることにしよう。第8-2表はこれらの推定結果を示したも
のである。推定式は $\log E - \log E^* = b_0 + b_1 A + b_2 B$ である。ここで E は為替
レートを示し，E^* は購買力平価説による為替レートである。そして b_1 は累
積経常収支（1973年第1四半期よりの累積）A の影響を，b_2 は金利差 B の
影響を示す推定値（t は t 値）である。金利差については，ポートフォリ
オ・バランス・アプローチによる実質金利差［推定結果は第8-2表の番号(1)
と(2)］と通常よく用いられる日米収益率格差（日本の名目金利－アメリカの
名目金利－円期待減価率）［推定結果は同表の番号(3)と(4)］の2点を用いて
推定を行った。期間は変動為替相場制の始まった1973年から現在まで（四
半期データ）とし，全期間を前半と後半とに分けて推定を行ったものである。
この表より，累積経常収支の為替レートへの影響の大きさは，－1.06 から
－0.61（日米収益率格差の場合は－0.95 から－0.43）へと小さくなっている
のに対し，資本の自由化に対応して，金利差の影響は－0.84 から－1.83
（－0.87 から－0.88）へと大きくなっていることがわかる。この点からも，
現在では特に財政政策や金融政策による金利への影響が為替レートを変動さ
せ，それが日本の農業に大きな影響を持つようになっていることがわかるの
である。

3 農業政策の展開方向

　これまで，日本の農業政策の歴史や現状，および課題について述べてきた。
米の自由化受け入れが決定されたゆえ，日本の今後の農業政策の展開方向に
ついて考えてみることにしよう。日本の農業政策の展開方向には，次の3本
の柱が必要であると思われる。まず第1は，条件に恵まれた平場農業地域で

の農業技術進歩の創出，およびそれによる比較優位性の向上である。第2は，
条件に恵まれない，中山間地域等の地域での農業の多面的価値の評価と所得
補償の確立である。第3は，米の自由化決定時の日本の政治力を見ると，き
わめて困難なことであるが，自由化命題に代わる国際ルールの確立の3点で
ある。ここでは，まず第1点の条件に恵まれた平場農業地域での農業技術進
歩の創出，およびそれによる比較優位性の向上について考えることにしよう。

[1]　平場農業地域での技術進歩による比較優位性の向上

　現在の日本で条件に恵まれた平場農業地域での，最も重要な課題は労働生
産性を高め，コストを削減することであろう。しかし，この農業の高労働生
産性追求も非農業労働生産性以下のスピードでは問題は解決しないのである。
なぜならば，それでは比較優位性を高めることはできず，農産物の内外価格
差や農工間所得格差を減少させることもできないからである。この農業労働
生産性を高める武器として，まず最初に思い浮かぶのが農業技術進歩である。
しかし農業労働生産性を高める他の武器には，非農業技術進歩と総資本スト
ックの2変数があるのである。この両者は農業部門から農業労働力を引っ張
り出し（非農業技術進歩のこの効果は非農業技術進歩のプル効果と呼ばれ
る），結果として農業労働生産性を上昇させるのである。これらの3つの政
策変数のうち，農業技術進歩以外の非農業技術進歩と総資本ストックの2変
数は，第8-3表の(4)(5)および(7)(8)欄が示すように，非農業労働生産性を農業

▨第8-3表　農業技術進歩と比較優位性

	農業技術進歩			非農業技術進歩			総資本ストック		
	(1)農業労働生産性	(2)非農業労働生産性	(3)(1)-(2)	(4)農業労働生産性	(5)非農業労働生産性	(6)(4)-(5)	(7)農業労働生産性	(8)非農業労働生産性	(9)(7)-(8)
1880	1.00	0	1.00	0.02	0.98	-0.96	0.12	1.22	-1.10
1900	1.02	-0.03	1.05	0.01	1.00	-0.99	0.11	1.00	-0.89
1920	1.05	-0.05	1.10	0	0.99	-0.99	0.12	0.99	-0.87
1940	1.07	-0.07	1.14	0	1.00	-1.00	0.11	0.98	-0.87
1960	1.08	-0.03	1.11	0.01	0.99	-0.98	0.15	0.99	-0.84
1980	1.08	-0.01	1.09	0.01	1.00	-0.98	0.15	0.99	-0.84

出所：山口三十四『日本経済の成長会計分析──人口・農業・経済発展』有斐閣。
　　　1982年の成長率乗数を新しいデータで計算したものから加工。

労働生産性以上に高める［例えば(5)欄の方が(4)欄より大］ゆえ，問題を激化させるものであった。その中で農業技術進歩のみは(1)(2)欄が示すように，農業労働生産性を非農業労働生産性以上に高め，比較優位性［第(3)欄］を高め，内外価格差を縮小させるものであることがわかるのである。そこで条件に恵まれた平場農業地域では，自立経営農業，地域営農システム等を育成し，できる限り規模拡大を図り，農業技術進歩を生じさせ，同時にコスト低減を行うような政策を推進する必要があるだろう。

[2] 中山間地域での多面的価値と所得補償

このように，規模拡大が可能な平場農業地域では，規模を拡大し，労働生産性を高める政策が必要であろう。しかし日本農業の土地制約はきわめて厳しく，多くの分散錯圃や傾斜地を含む土地制約を持っている。しかも規模拡大が困難な中山間地域が全農地の4割を占めている。ところで，島嶼部や急傾斜地帯の果樹作や中山間地域の稲作等を維持することは，これらの地域の人口定住と活力ある地域と社会の維持に必要なものであり，国土，環境・景観保全の面からも不可欠のものであろう[18]。それゆえ，非経済的価値や外部経済効果を持ちながら，経済的にペイしない地域や中山間地域には自然環境の保全等を十分に配慮した上で，地域資源の活用による特産物や加工，農林業と結び付いた観光等による都市との交流の促進とともに日本型デカップリングと呼ばれる特別の助成がどうしても必要であろう[19]。

[3] 自由化命題に代わる国際ルール

次に，第3点の新国際ルールの確立について考えることにしよう。結論からいえば，現在の農業の国際的な理念となっている経済主義に立つ自由貿易を改め，自由貿易から他の調整原理に変更させる必要があるだろう。筆者は野尻武敏に従い，経済主義は自然からの反発（資源の頭打ちと環境汚染），人間からの反発（人間性回復の要求）や経済主義自身の自己矛盾（有限な資源に対し使い捨てを行っている）より挫折を余儀なくされ，それゆえ持続可能な発展を考える必要があるということを述べてきた[20]。また上で述べたように，農業に自由化命題を当てはめるには多くの問題があった。それゆえ，調

133

整原理を経済主義に立つ自由貿易から，持続可能な発展へと変化させる必要があるだろう。最近注目され，1991年の日本での国際農業経済学会でも取り上げられた持続可能な発展は政策目標として，自給率の向上を含む次の6点（①自然環境へのサポート，②限られた地球資源の考慮，③地域的なかつ更新可能な代替資源の考慮，④劣悪な条件に生きる生命体の生活水準の向上，⑤自給率の向上，⑥すべての生命体の高潔さ本来の価値の尊敬）に主眼を置いている[21]。それゆえ，持続可能な発展は挫折を余儀なくされている経済至上主義に立つ自由貿易よりもはるかに優れた調整原理であると筆者には思われる[22]。たとえ今回は自由化命題に立つ米の自由化が決定されたとしても，根気よく調整原理を自由化命題から持続可能な発展へと変化させる努力が必要であろう。したがって新国際ルールの第1は，経済主義の反省，ないしは持続可能な発展を調整原理として認めさせることであろう。

　第2のルールは，米の自由化阻止がならなかったので，農業摩擦の直接原因である輸出補助金の禁止（ECの抵抗で禁止とはならなかった）やウェーバー商品の禁止等をより確固として成就させるよう主張することであろう。この第2のルールを示す際には，農産物市場開放指標として，①自給率，②農産物純輸入額，③残存輸入制限品目と国家貿易品目等のいずれを見ても，日本は他の先進国に比べはるかに開放的であるゆえ，強力に訴えるべきであろう。第3のルールは，やむなく米の自由化へと譲歩したゆえ，農業の多面的価値への補助金に対する世論の一致があるまでは，藤谷築次のいうように，何らかの保護措置をとって対抗する必要があるだろう[23]。米の自由化が決定された今日でも依然としてこの3点を新国際ルールの骨格として示すべきであろう。また新たな農産物貿易ルールづくりに当たっては，EC，スイスやスウェーデン等北欧やアセアン諸国と共同で働きかけるべきであろう。第3のルールを示す場合には，ウルグアイ・ラウンドで用いられた農業保護の度合いを示す指標は大きな問題点を含むことを何らかの形でよりいっそう強くアピールすべきである。すなわち保護度合いの指標として，これまでNRP（名目農業保護率），PSE（生産者補助相当量）やAMS（支持の総合的計量尺

度）等が用いられ，内外価格差に主眼が置かれていたが，この内外価格差は
すでに見たように保護要因によるよりは，むしろ地形的要因により生じるも
のである。この点は世界を説得するために繰り返し主張するべきである。

　また日本農業が国際的に見て過保護ではないという点も改めて強くアピー
ルすべきであろう。すなわち，第3章で述べた以下の4つの指標，①農用地
率に比べ農業就業者が多すぎず，かつ農業保護率ないしは内外価格差は比較
優位性のほぼ等しい韓国やスイスに比べるとはるかに小さいこと。②速水＝
本間モデルの日本のダミー変数の値は小さく，t 値も有意ではないこと。そ
れゆえ日本の内外価格差が大きいのは，日本固有の農本主義や食料安全保障
に対する選好等によるものではなく，国際的に共通する変数である農業の比
較優位性や農業の比重の変化によるものであること。③荏開津典生の提唱す
る攻撃的保護率をとってみても日本は過保護ではないこと。④日米欧の国家
予算に占める農業予算のシェアや，農業総産出額に対する農業予算の割合を
見ても，日本の数値は他の先進国よりはむしろ小さいこと，以上より，第1
に，農業保護度合いを主に地形的な要因により生じてくる内外価格差で見る
ことは大きな問題を含むこと，第2に，たとえ内外価格差で見ても，日本は
過保護ではないとの結論が多くの数値で得られているということを国際議論
の場や国民に示し，より強力にアピールし理解させる努力が必要なのである。

　以上，日本農政の課題と展望について述べてきた。要するに，規模拡大の
可能な地域はコスト削減に最大の努力を払わねばならないであろう。しかし
土地制約のきわめて厳しい日本では，効率化には限界があり，何らかの保護
はどうしても必要である。しかるに米の自由化は決定されたのである。すで
にこれまでの自由化等により，実質生産農業所得が1950年の約8割という
低水準に陥っていることは無視できないことである。それゆえ，今回のミニ
マム・アクセスや6年後の関税化の場合にも，強烈な第2次手段を考える必
要があるだろう。その際，上で述べた自由貿易や内外価格差の問題点，およ
び日本農産物市場の開放性，非過保護性等を数値で具体的に示し，国際的に
も強く訴えることが必要である。

第9章　TPPの変遷と種子法廃止

1　TPPの成立と日本農業への影響[1)]

1-1　TPPの発生と経緯

　2019年10月15日，第200回国会において「日本とアメリカとの貿易協定」（以下，日米貿易協定という）の承認案が提出された。これは日米間の貿易促進を目指した2カ国間の貿易協定であり，両国間の農産品や工業製品の関税を撤廃または削減を目的とした取決めを規定している。2017年1月にアメリカは「環太平洋パートナーシップ協定」（以下，TPPという）から離脱し，アメリカとの貿易関係は2カ国間の枠組みで進められてきた。TPPは多国間条約である。多国間条約とは3カ国以上の国家によって締結された条約のことであり，TPPの前身は2006年にシンガポール，ブルネイ，チリ，ニュージーランドの4カ国が発足させた経済連携協定（以下，EPAという）である。物品，投資，金融等多くの分野からなり，物品については段階的に例外なく自由化に移行するとしている。当初から参加した4カ国は小国で貿易依存度が高く，オリジナルTPPまたはP4と呼ばれている。

　2008年9月にアメリカが投資，金融を含む全分野の交渉参加を表明し，

さらに 2008 年 11 月にオーストラリア，ペルー，マレーシア，ベトナムの参加で，合計 5 カ国が TPP へ参加し，2011 年 11 月にカナダ，メキシコが参加し，日本も参加表明をした。アメリカとカナダ，メキシコはすでに北米自由貿易協定（NAFTA）という多国間条約に参加しており TPP はアメリカによるアジア太平洋地域へ拡張したもといえる[2]。TPP の経済連携協定とは域内での経済取引の自由化を取り決めた多国間条約（協定）のことを意味する。あくまで「域内での」という点が重要であり，TPP は EPA の具体例の 1 つで，「域内での経済取引の自由化」を目指している。TPP における「域内」とは，12 カ国ということになる（2017 年 1 月まで）。経済取引とは商品の取引，資本（資金）の取引，労働力の取引などのことで，「自由化」とは，それまで規制・制限されていた取引を自由に認めるようにするという意味である。よって EPA は域内での商品・サービス・資本（資金）・労働力の移動を自由に認めるという条約（協約）である。

　商品貿易の自由化は，商品の輸入数量制限を撤廃し，関税化し，その後，関税率を段階的に引き下げ，最終的に関税率がゼロになることによって実現される。オリジナル TPP は 2015 年までに原則としてすべての商品の関税をゼロにすることを目指していた。つまり TPP は完成度の高い EPA ということになる。TPP でも交渉しだいでは，例外的に関税をゼロにしなくてもよいケースがあり，商品（主として工業品）貿易のより一般的なルールを定めた多国間条約が，関税及び貿易に関する一般協定（GATT，以下，ガットという）である。ガット第 24 条は FTA/EPA の設立ルールなどを規定しており，「域外に対して関税率を上げないこと」，「域内の関税率を実質上すべての貿易についてなくすこと」を謳っている。

　ここでいう「実質上」を，慣例的に 90％ と解釈しているため，例外的にすべての商品の関税がゼロにならない場合がある。WTO（ガットを管理する世界貿易機関）は，現在 150 カ国以上の国・地域が加盟しており，加盟国は無差別・平等を原則としており，この原則を「最恵国待遇の原則」という。FTA/EPA は，域内と域外の国を差別することにもなりかねないので，厳密

にいえば，ガットの最恵国待遇の原則に反する。しかし，多数の国家間で条約を締結することを阻止する規定がないため，ガットは例外的に FTA/EPA を容認している。サービス貿易とは，海外旅行，外資系銀行等が提供する金融サービスの利用など国境を越えた取引のことである。つまり外国企業の参入規制や事業規制の緩和のことである（アメリカは，TPP 交渉において，外国企業による医療サービス等の参入規制の緩和を目指していた）。

　サービス貿易や商品貿易の自由化のみの条約（協定）であれば，「自由貿易協定 FTA」といい，FTA は EPA（経済連携協定）よりも狭い概念になる。TPP は「原則として例外なき自由化」をめざしており，TPP は域内での自由化を進める FTA/EPA の具体例のひとつとなる。TPP は商品貿易の自由化について原則として例外を認めないという点で，完成度の高い FTA/EPA といえる。EPA では，商品・サービスの自由化だけでなく，「資本移動の自由化」や「労働力移動の自由化」，さらに「域内での経済社会制度の調和」もめざしている。資本移動の自由化とは，直接投資や証券投資に対する規制を撤廃することを意味する。「労働力移動の自由化」は商用での出入国手続きの簡素化から始まり，特定の専門職の移動自由化，そして移民労働者（外国人単純労働者）の受け入れを認めるということである。「域内での経済社会制度の調和」とは，会社設立手続きの統一化や労働法制の統一化，あるいは経済紛争の解決手続きの統一化などのことである。

　実際どの程度認めるかは外交交渉によって決まるため，TPP もそれぞれの分野について交渉が必要となる[3]。TPP には「外国投資家が，投資先の国の政府を訴えることができる」という ISD 条項（投資家対国家の紛争解決）がある。この ISD 条項は，他の自由貿易協定（北米自由貿易協定や米韓 FTA など）にもある紛争解決のために考えられた仕組みである（毒素条項と呼ばれている）。例えば，外国企業が中東などに投資して会社を設立したときに，現地政府によって理不尽にも国営化されてしまった（収用された）場合，相手である現地政府を訴えることができる権利を保障するための仕組みが ISD 条項である。この条項によって外資系企業は，相手国政府の規制

などによって不利益を被りそうになると「収用された」として訴えることができるようになった[4]。1994年に締結された北米自由貿易協定（NAFTA）で実際起こった事例がある。アメリカ企業のメタルクラッド社は，メキシコの産業廃棄物処理を計画していたが，環境の悪化を心配する声が高まり，地元自治体はメタルクラッド社の産業廃棄物処理の許可を取り消した。

　そこでメタルクラッド社は，収用されたと判断しメキシコ政府を訴えた。裁定の結果，メタルクラッド社の訴えが認められメキシコ政府は1670万ドルの賠償金を支払うこととなった[5]。このようにISD条項は外国企業や投資家が日本でビジネスを展開するのに障壁とみなされるルールがあった場合，外国企業・投資家が日本政府を直接訴えて賠償請求し，かつそのルールを廃止させることができる条項である。アメリカが追求している大原則は，「競争条件の平準化」であり，これはつまり，アメリカにとって参入障壁となるルールなくすことである。これとISD条項が組み合わされると，様々な公的制度，環境基準，安全基準も訴訟の対象とされて，国に対して損害賠償や制度撤廃が請求される。市場原理追求による弊害から人々を守るための大事な仕組みもことごとく問題にされかねないのである。

1-2　TPPの日本農業への影響

　仮に日本が市場開放し保護を低下させ，農産物をはじめ全品目を関税撤廃すればどうなるだろうか。まず内閣府『包括的経済連携協定に関する資料』2010年10月27日の一環として農水省が提出した資料（国境措置撤廃による農産物生産等への影響試算・品目別の生産減少額等の一覧表）は，米，小麦，牛乳・乳製品，牛肉，甘味資源作物など主要19品目に絞って算出したものだが農産物の生産減少額は4兆1000億円，食料自給率は39%（2010年現在39%）から14%減少し，水産物生産額減少額4200億円を加えた金額ベースの食料自給率への影響は，69%（2010年現在）が37%へ低下すると推計している。米は，同試算によると90%減少するとしている。内閣府試算は最低68%減少，国産米と輸入米との代替関係を考慮すれば最大94%減

少と試算されている。米価は，生産者手取りで関税撤廃が20年間猶予されたと仮定すると，3120円／60kgまで下がるとされている。2018年産の米生産費の物材費は9205円／60kgなので，所得だけでなく物材費もまかなえなくなる計算になる。

　これまで2006年後半〜2008年と，2010年〜2011年にかけて世界的な食料危機により，穀物類に対する輸出禁止・規制があった。当時日本では，自給率が低い小麦や大豆を原料とする小麦粉やパン，トウモロコシ等を原料とする飼料価格が上昇し，消費者と畜産農家を直撃した。食料の需給が逼迫し，バイオ燃料向け穀物の投資により日本の食料安全保障が脅かされたのである。輸出国にとって自国民を守るため輸出禁止や規制を行うのが常識であり，当然の権利といえる。しかし輸入国である日本は危機的状況に直面したにもかかわらず，TPP参加して食料自給率を低下させることは，グローバルな常識からは考えられない異常な行為といえる。また同じ農水省試算は農業の多面的機能の喪失額は，国土・水保全機能だけで3兆7000億円とあることからも食料・農業を放棄しているとしか思われないであろう。[6]

1-3　日本農業の市場開放

　日本は飼料用トウモロコシ（1950年代），小麦，大豆（1960年代初頭）など主要な穀物・油穀種子を，1970年代には果実，豚肉加工品などを自由化，1980年代に牛肉・オレンジの輸入枠の拡大，1990年代にそれらの自由化，1995年乳製品を自由化というように，戦後から農業の市場開放を行っている。その結果，上記の品目は「国際競争」に耐えきれず，生産量は減少し自給率が急激に低下してきた。この理由は大きく2つあるとされている。

　「比較優位説」と「日本の自然環境と農業条件」である（詳しくは第3章）。こうした理由により関税等その他の措置をなくしては，国際競争ができるはずがないのである。加えて日本にとって市場開放が困難な分野は，農業だけではない。繊維製品，皮革・皮革製品，履物などの軽工業分野，金属，教育，運輸，建設，電気通信など移動を含むサービス分野の自由化も困難である。

　また日本医師会は，人々の生命を預かる立場から国民皆保険の崩壊や医療費高騰をもたらす TPP 参加に反対している。（日本医師会の定例記者会見「日本政府の TPP 参加検討に対する問題提起」2010 年 12 月 1 日）。外国医療資本の流入や混合診療の全面解禁などが実施されれば，富裕層中心の医療となり地域医療は困難な状況になるといわれている。つまり TPP の締結により農業だけでなく，医療，雇用などあらゆる分野に影響がでると思われる。たしかに農業が受ける打撃は甚大だが，農家への補填だけですむ問題ではない。日本の農業は，TPP だけでなく高齢化，就業人口の減少，耕作放棄地の増大などが進んでおり多くの課題が山積している。日本の農業が衰退した最大の原因は，度重なる農業分野の市場開放であり，食料自給率向上のための財政支援の対処の遅れである。さらに日本は，WTO ルールに基づき経営所得安定対策等により着実に遵守し，WTO ルールとの整合性を進めてきた。

　しかし他国には，保護削減に消極的な国や，農業保護度を低く見せかけるよう画策している国もある。このような農業保護への取り組みの違いは，各国の農業の強さや食料自給率の高さに端的に現れてくるものである。戦後の日本は，輸出産業の成長を優先した結果，食料自給率（カロリーベース）が 1960 年代の 70％ から 2018 年の 37％（農林水産省「食料需給表」）に減少してしまった。ここ近年は，農業関連予算（特に補助金関係）は減額傾向にある。しかし，イギリスは，現在の日本と同じぐらい農業が疲弊していた国であったが，第 2 次世界大戦以降，国内農業を保護・育成する政策に転換して，基幹食料を中心とする生産力の向上を成功させた。2013 年時点では，イギリス 63％，ドイツ 95％，フランス 127％ などの高い自給率を達成している。アメリカは食料自給率 130％ の純輸出国であり，他国に市場開放を強く迫る一方，乳製品や小麦などの主要品目にはきわめて手厚い保護措置や高関税を維持している。またカナダに乳製品の自由化を迫り，オーストラリアには関税をかけている。

　欧米先進諸国の高い食料自給率は，輸出補助金等の政策によるためであり，輸出に政策的関与があってこそ実施できているといえる。日本としても攻め

る農業を展開する必要があると思われる。力強く持続可能な農業構造の実現に向けた担い手の育成・確保，そして経営所得安定対策をはじめとする農業者への支援をすべきである。そして農地を有効に活用するため農地中間管理機構のフル稼働による担い手への農地集積・集約化と農地の確保を進めるべきである。また，米政策改革の着実な推進，飼料用米等の戦略作物の生産拡大，農業の生産・流通現場の技術革新等を実現する必要がある。さらに多面的機能支払制度や中山間地域等直接支払制度の着実な推進や高齢化や農業人口の減少に対応した取り組みを強化し，都市農村交流，多様な人材の都市から農村への移住・定住等を促進していくことが重要だろう。また農業や食品産業が，消費者ニーズへの的確な対応や新たな需要の取込み等を通じて健全に発展するため，6 次産業化（1 次，2 次と 3 次を合体〔1＋2＋3＝6〕した産業化），農林水産物・食品の輸出，食品産業の海外展開等を促進することが急務だろう。

2　日米貿易協定と農業への影響

2-1　日米貿易交渉の経緯

　2019 年 10 月 15 日，第 200 回国会で日米貿易協定の承認案件が提出された。日米間の貿易促進に関する二国間協定であり，農産物，工業製品の関税を撤廃または削除を規定している。2017 年 1 月にアメリカが TPP から離脱後，日米で貿易に関する協議が進められ，2019 年末に国会承認され 2020 年 1 月 1 日に発効した。以下，日米貿易協定の内容を概説しその影響を指摘する。アメリカは TPP から離脱後，自国主導の貿易協定を進めるため二国間貿易協定を進めていた。日本はアメリカに対し TPP 復帰を促しながらも，アメリカとの二国間対話（日米貿易対話）をしている。その後，2018 年 9 月 26 日の日米首脳会議において，日米間の強力かつ安定的で互恵的な貿易の拡大と自由で開かれた経済発展を認識して，日米物品貿易協定（TAG）の交渉開

始を合意した。⁷⁾

　その内容を概略すると，①TAG のほかに，早期に結果を生む重要な分野（サービスを含む）について交渉を開始する。②他の貿易・投資事項についても交渉する。③両国の利益を目指すとして，日本は農林水産物について過去の経済連携協定で約束した市場アクセスの最大譲許内容であること。アメリカは自動車について市場アクセスの交渉結果が自国の自動車産業の製造および増加を目指すものであること。④日米両国は信頼関係に基づき，共同声明の精神に反する行動をとらないこととした。この中で日本は経済連携協定の最大譲許は TPP としたが，アメリカは日米貿易協定の交渉と位置づけ，農産品関税の撤廃を含む22分野の交渉を進めるとした。⁸⁾2019 年 8 月の閣僚会合，首脳会談で農産品，工業品の主要項目について会合を重ね，2019 年 9 月 25 日の首脳会談で日米貿易協定の最終合意に達した。

　この会談のあと安倍総理は「日米双方にとって Win-Win となる結果を得ることができた」と発言し，トランプ大統領は「アメリカの農家や畜産農家にとって大きな勝利だ」と強調している。日米共同声明を概略すると，①日米両国の二国間貿易を，強力かつ安定的で互恵的な形で拡大するために，一定の農産品および工業品の関税を撤廃または削減する。②日米貿易協定の発効後，4 カ月以内に協議を終える意図であり，また，その後，互恵的で公正かつ相互的な貿易を促進するため，関税や他の貿易上の制約，サービス貿易や投資に係る障壁，その他の課題についての交渉を開始することを意図すると発せられている。⁹⁾

2-2　日米貿易協定の概要

　日米貿易協定第 5 条で両国間の関税を撤廃または削減することを規定しており，関税撤廃率は日本側 84%，アメリカ側 92% と発表されている。¹⁰⁾経済効果は，GDP の押上げは約 0.8% で，2018 年度の実質 GDP 水準で換算すると，約 4 兆円の押上げになる。その際，労働は約 0.4% 増加すると見込んでおり，これを，2018 年の就業者数をベースに人数換算すると，約 28 万人に

相当すると分析している。[11]

　農林水産品の合意内容は，農林水産品の関税について，①国民の主食である米の関税削減・撤廃の除外を獲得する。②脱脂粉乳・バターなど，TPPでTPPワイド枠（TPP11発効国すべてが利用可能な関税割当枠）が設定されている33品目について，新たなアメリカ枠は設けない。③関税の削減・撤廃をする品目は，TPPと同内容である。④牛肉について，TPPと同内容の関税削減とし，2020年度のセーフガードの発動基準数量を，前年度のアメリカからの輸入実績より低い水準に設定。⑤すべての農林水産品の日本側の関税について，TPPの範囲内に抑制。農林水産品の関税撤廃率は，TPPの関税撤廃率約82％より大幅に低い約37％にとどめた（もともと無税の品目を除き，今回関税を削減・撤廃等する品目数の割合で見ると21％）。⑥牛肉の輸出について，現行の日本枠200トンと複数国枠を合体し，複数国枠6万5005トンへのアクセスを確保。醤油，ながいも，切り花，柿などの輸出関心が高い品目で関税撤廃・削減を獲得した。日米貿易協定よる農林水産物の生産減少額は約600億円～約1100億円であり，日米貿易協定とTPP11を合わせた生産減少額は約1200億円～約2000億円と推計している（農林水産省）。日本の水田面積は第9-1図および第9-2図で示したように，1農業集落全体でも約20haしか存在しない。しかも耕地は分散している。それゆえ，自由化による被害は甚大である（第9-3図は，雇用農業を使用した大規模農家の理論的説明を行っている）。

2-3　日米貿易協定の課題と問題点

　上記の③にあるように関税の削減・撤廃をする品目は，TPPの範囲内としたことで，安倍首相は過去に経済連携協定で約束したものが最大限であるとした，2018年9月の日米共同声明どおりの結論を得たとしている。米が関税削減の対象から除外されたことは評価できるが，アメリカが強く市場開放を要求している牛肉は，関税削減にともなう輸入急増に備え2018年度の輸入実績25.5万トンより24.2万トン少ない水準にセーフガードが設定され

▨第9-1図　農業集落数，1農業集落当たり平均戸数および耕地面積

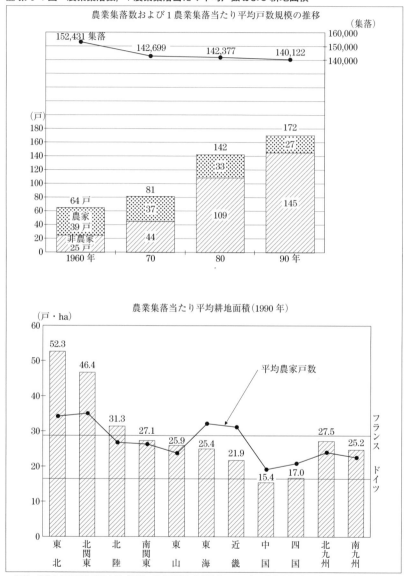

出所：農業と経済編集委員会編『図説　日本農業』富民協会，1993年の宗像利治（上図）および高橋正郎（下図）の図を引用。

▨ 第9-2図　借入耕地の増大と農家の規模拡大

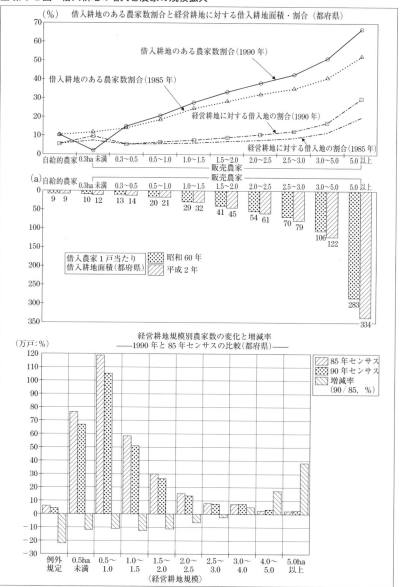

出所：農業と経済編集委員会編『図説　日本農業』富民協会，1993 年の桂明宏（上図）および辻井博（下図）
　　　の図を引用。

■ 第9-3図　雇用労働を用いた場合の農家の主体均衡

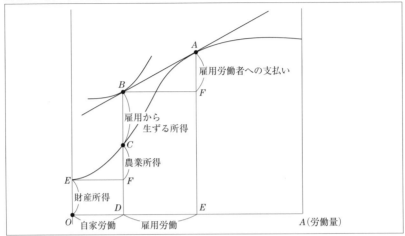

た。豚肉のセーフガードも，2022年度9万トンから2027年度以降15万ト
ンに設定されており，乳製品に関しては脱脂粉乳およびバターのアメリカ向
け低関税輸入枠が設置されていない。このように牛肉や乳製品に関しては日
本に対して輸入が迫られている。飼料価格が上昇傾向にある中で経営コスト
がかかる日本の畜産農家はかなりの打撃が予想され，事業継承も危うくなる
だろう。畜産業に対し飼養頭数に応じた補助金など畜産農家に配慮した対策
が必要である。

3 主要農作物種子法廃止と問題点[12)]

3-1　主要農作物種子法と公的種子事業の役割

　主要農作物種子法は，2017年3月28日に衆議院を通過，4月14日の参議
院本会議で可決された。種子は重要な農業資材であり，食のあり方が品種改
良の方向性を規定する。農作物の品種を守ることは多様な農と食を支えるこ

とであり，多様な品種を維持，再生産していかなければならない。その一方で「緑の革命」を支えた高収量品種・ハイブリッド品種は，農業の近代化を推し進め，食料増産に貢献したが，農薬・化学肥料の多投によって環境負荷を高めるきっかけとなった。また遺伝子組み換え技術を用いた除草剤耐性や害虫抵抗性のある農産物は，北米を中心に大豆や綿花，トウモロコシ，ナタネなどに広がり，病虫害防除の手間と低コストを可能にした。さらに，そのような技術を独占する企業が種子と遺伝資源に関し，食品表示制度などの市場ルールにも影響力を及ぼし，生産者や消費者に対しても遺伝子組み換え作物の存在をわかりにくくしている。

　これまで「種子を制する者が農業を制する」といわれてきたが，今や「遺伝子を制する者が農業と食料を制する」状態になっている。主要農作物種子の重要性を考えるならば，種子を管理し規制することが不可欠のはずだが，民間企業にもっとビジネス機会を提供すべきということで種子法が廃止された。種子事業の基本法が廃止されたことにより，農業者にとって今後さまざまな影響が出ると思われる。このような動きの背景として，第 1 に岩盤規制の緩和・撤廃によって競争力を強化するとしたアベノミクス農政があり，生産調整の廃止，農協事業に対する見直し，農産物・食料の需給と価格の安定化の放棄，卸売市場制度や指定生乳生産者団体等の解体がある。さらに，日米並行協議や日米経済対話にあるように，TPP 交渉での対米追従的な対応があった。第 2 に，種子事業を民営化し，種子を多国籍企業が開発した特許種子に置き換えようとする動きがある。

　多国籍企業（農業バイオ企業）による市場の寡占化を通じた種子の囲い込みから，育種者権（知的所有権）の強化を通じた遺伝資源・遺伝情報の囲い込みの段階から法制度的な囲い込みの段階に入っている。食料安全保障という政策課題までが，種子の囲い込みを正当化する状況となっている。[13]主要作物の種子政策（遺伝資源の管理，品種改良の促進，種子の安定供給体制の確立，種子流通の適正化）は農業政策上の基本事項であり，1952 年に制定された主要農作物種子法は「主要農作物の優良な種子の生産及び普及を促進す

るため，種子の生産について圃場審査その他の措置を行うこと」を目的とし
ている。都道府県は，①指定種子生産圃場の指定および圃場審査，生産され
た種子の生産物審査，②指定原種圃・原原種圃の指定および圃場審査，生産
された原種・原原種の生産物審査，③優良な品種を奨励品種として決定する
ための試験，④優良な種子の生産および普及のための指定種子生産者等への
勧告・助言・指導，⑤種子の安定供給のための種子計画の策定等を行うべき
役割とした。その上で国，都道府県，農協系統組織が，種子の生産・流通・
管理を実施してきた。

　1986年に主要農作物種子法が改正され，「民間事業者による優良な品種の
開発にインセンティブを与え，広く官民が優良種子の生産・普及に関与する
ことを促進し，農業生産の発展に資すること」として民間事業者に種子事業
の参入を促したが，制度運営上，大きく変わることはなかった。より具体的
にいうと第1に，種子増殖制度については，都道府県に加えて「一定の技術
と知識を有し，都道府県と同程度に適切且つ確実に生産しうると認められる
者」も原種・原原種の生産を行えるようになった。それは都道府県の指定原
種圃・原原種圃に限定され，指定要件の詳細も定められたものの，一般種子
の生産については，従来の種子生産者の圃場，市町村・農業団体から委託を
受けた種子生産圃場に加え，民間事業者・団体から委託を受けた種子生産圃
場も都道府県の指定対象に含まれることになった。第2に，種子安定供給制
度については，都道府県種子協会の構成員に民間事業者を加えた。

　第3に，種子審査制度についても，都道府県から任命された審査員に加え，
一定の条件を満たした者に審査補助員を委嘱できるようになった。第4に，
奨励品種制度については，農産物の多様化に対応するとともに，民間育成品
種の積極的導入を図るため，より「総合的な観点」から優良性を評価し，
「個性的な品種」も幅広く奨励品種として採用することとした。1986年法改
正により民間事業者と競い合いながら，各地域の栽培条件や多様化する消費
需要に応じた品種がつくりだされ，さらに広範に普及するにふさわしい優良
品種の奨励品種が採用されてきた。1986年法改正で十分な法効果があると

思われるが，なぜこれまで安定的に生産・普及してきた主要農作物種子制度
の根幹である種子法を廃止するのか疑問に思われる。国と都道府県の役割，
新たに加わった民間企業との関係について整理し議論が必要と思われるが，
国民にも関係者にも説明なく，いきなり 2018 年 4 月をもって主要農作物種
子法が廃止された。

3-2　種子法廃止法案の経緯

　主要農作物種子法が制定されたのは 1952（昭和 27）年 5 月である。第 2
次世界大戦中は食料仕向けが最優先であり，種子用の米麦も食糧管理法
（1942 年制定）によって，すべて政府の統制対象となり，良質な種子が出回
らなくなった。その後，敗戦後の混乱が収まりつつあった 1951 年（昭和
26）年，国は検査を受けて種子用として認められた米麦については食料管理
法の適用から除外し，原種圃や採取圃に国の補助金を投入した。種子法はこ
の公的種子事業を法的に裏付けたものであり，安定した食料を供給するため，
都道府県に対し，「主要農作物の優良な品種を決定する」という規定に基づ
き奨励品種制度とされ，戦後の穀物生産の安定を図ってきた。2016 年 10 月
に開催された規制改革推進会議農業ワーキンググループ第 4 回会合で「総合
的な TPP 関連政策大綱に基づく『生産者の所得向上につながる生産資材価
格形成の仕組みの見直し』及び『生産者が有利な条件で安定取引を行うこと
ができる流通・加工の業界構造の確立』に向けた施策の具体化の方向」の中
で，「戦略物資である種子・種苗については，国は，国家戦略・知財戦略と
して，民間活力を最大限に活用した開発・供給体制を構築するとした。こう
した体制整備に資するため，地方公共団体中心のシステムで，民間の品種開
発意欲を阻害している主要農作物種子法は廃止する」と提起された。

　参入障壁をなくし，開発費などの公的補助を検討し，2018 年に米の減反
（生産調整）の廃止に向けて，米の品種開発に民間の活力を呼び込むことが
目的とされており，この内容では主要農作物種子法について明記されていな
い。種子法廃止が当然のように進められただけで，種子法廃止をめぐる議論

がなく，政府が提案した「農業競争力強化プログラム」において「良質かつ低廉な農業資材の供給に関する施策」の1つとして，「種子その他の種苗に係る民間事業者による生産及び供給等の促進」が謳われている。公的種子事業による生産供給に不都合があるわけでないにもかかわらず，なぜ「民間事業者によって生産供給が拡大していく」としなければならないかが説明されていないのである。

　その後，第10回会合（2017年2月）で「農業競争力強化支援法案の概要及び関係資料」や「主要農作物種子法を廃止する法律案の概要及び関係資料」が審議され，種子その他の種苗について，民間事業者による技術開発や新品種の育成等を促進するため，試験研究機関や都道府県の種苗生産に関する技術を民間事業者へ提供する内容が加えられた。このように廃止ありきの手続きがとられたのみで，説明がなかったのである。都道府県が一般財源を使って公的種子事業を実施しているので，種子が低価格で供給されるのであり，これを民間企業が実施すれば，当然，種子の価格は上昇するはずである。現実に，奨励品種の種もみの価格は1kg 400〜600円程度であるが，民間企業（三井化学アグロ㈱）のF1多収品種「みつひかり」の種もみは1kg 4000円であり10倍以上の価格となっている。生産者の所得向上や生産資材価格の引下げに逆行しているとしか思えない。[14]

3-3　種子法廃止による問題点

1　種子法廃止の理由

　衆議院農林水産委員会（2017年3月23日）の審議で，種子法廃止の理由は次の3点に整理される。第1に，都道府県育成品種が優先されることが構造的にある。奨励品種に採用される品種は，公的機関が育成した品種に限定されていないが，品種特性を厳しくチェックし，国や県は公的資金により歴史的に技術が蓄積されているため，民間の種子が奨励品種に採用されることは簡単でない。結局，民間育成品種が採用されてこなかったので，種子法に構造的問題があるとされた。第2に，都道府県の枠を越えた広域的な種子の

ニーズに応えられていないためとされた。そして第3に，種子の生産供給が安定しているが，全都道府県に一律に種子事業を義務づけることは，国の指導として過大になっているとされたからである。しかし，これらの理由は，制度改定で対応できるものと思われるが，種子法廃止は可決成立された。主要農作物種子法の廃止によって，懸念される問題は次の4点に整理できる。

② 種子法廃止による問題の整理

第1に，都道府県の主要農作物種子事業はこれまで，同法を根拠に一般財源から支出してきた。しかし，今後は各都道府県の「自主的判断」に基づき取り組むこととなった。第2に，予算面も含め，今後は主要農作物種子法に代わる「根拠法」となる農業競争力強化支援法は，民間による種子や種苗の生産・供給を促進し，国や都道府県が持つ知見を民間に提供し，連携して品種開発を進めると明記されている。国や都道府県はこれまで研究されてきた原種圃・原原種圃の設置技術，高品質種子の採種技術，高品質種子の測定技術を提供することになるが，これは技術が海外に流出する可能性があることを意味する。第3に，これまで都道府県が進めてきた品種開発がどうなるかである。優良な品種は，他府県へ伝播するものであり，政府は民間事業者と連携して開発するとあるが，それはどのように進められたのであろうか。

種子制度や種苗事業に詳しい京都大学の久野秀二教授は「おそらく念頭におかれているのは，業務用・加工用・輸出用に仕向けられるハイブリット品種を含む多収米，あるいは大規模稲作農家への普及を目論んでいる乾田直播栽培棟の低コスト栽培技術に適合的な品種，さらには将来的には世界中の大豆やトウモロコシの品種を席巻している除草剤耐性等を含む遺伝子組み換え品種なのであろう」[15]と予測している。第4に外資参入に関する懸念である。早くからトウモロコシ種子市場は民間育種が出回っており，アメリカでは大豆種子市場では1990年代以降，小麦種子市場は近年になり，多国籍企業が進出している。茨城県では，日本モンサント社が育種した「とねのめぐみ」という品種が10年前から産地品種銘柄となっており，外資はすでに参入している。政府は民間事業者に対する「イコールフッティング」（競争ができ

るように条件をそろえること）を強調している。[16]

　農業競争力強化支援法では「良質かつ低廉な農業資材の供給を実現する上で必要な事業環境の整備のための措置」として「種子その他の種苗について，民間事業者が行う技術開発及び供給を促進するとともに，独立行政法人の試験研究機関及び都道府県が有する種苗の生産に関する知見の民間事業者への提供を促進すること」としている。民間企業がこれまで国や都道府県が研究開発してきた育種に関する素材やデータをもとに新品種を作り出した場合，そのような品種は自家育種できるはずがなく，民間事業者の経営としてF1（1代交配品種，自家採取できない）となるだろう。特定の形質を持った品種（固定種）の交配によって生まれた「優良品種」が，販売上有利となれば，農家はいくら高額でも毎年その種子を購入することになる。種子法の廃止により公的育種，種子事業はいずれ国内大手や多国籍種子企業に置き換わると思われる。そして種子が企業に独占されれば種子価格は上昇する。

　種子法のもとでは，地方交付金により生産費全体の稲で2%，小麦で4%，大豆で5%と低価格で種子が供給されていたが，民間種子なら公的種子の5倍から10倍の価格になるだろう。企業は特許種子の投入を進めるため，さらなる高価格になるだろう。GM（遺伝子組み換え，genetically modified organism）種子の販売も現実的になる。また，公的種子に代わる民間種子は，農薬，肥料とセットの大規模農業向けの単一品種に限定されると思われる。単一品種種子の大量生産・大量販売は種子企業の利益を最大化する（アメリカの化学メーカー「モンサント社」は除草剤「ラウンドアップ」とラウンドアップに耐性をもつ大豆種子「ラウンドアップ・レディ」を販売）。そのため企業の利益にともなわない品種特性は軽視・無視され，企業が売りたい品種でなければ農業者は購入できなくなる。[17] FAOによれば農薬，化学肥料，GM種の大量使用により植物の遺伝的多様性が損なわれているとの報告がある。品種が単一化すると，害虫や病害や気候の変化に対する抵抗力は低下し，遺伝的多様性が低下すると被害に対するリスクが高まる。

　種子の保存とは，播いて，育成し，種子を採ることの繰り返しだが，播か

なくなった種子は消滅する。一度消滅すれば二度と同じものを手に入れることはできない。各都道府県の農業試験場が担ってきた各地域に適応した多様的な遺伝子資源の保存こそ、食の豊かさや食文化の多様性の根幹であり、食料安全保障そのものといえる。多国籍種子企業の野望に対し、途上国は食料主権を叫び対抗しているが、日本も同様の課題に直面しようとしている。公的種子による農業者の自家採取の権利は大切なものである。特許種子は保存禁止であるため、農業者は種籾をとっておくことができない。政府は食料自給率の向上を進めながら、食料安全保障は失われようとしている。ドイツは2013 年に特許法改正で生物特許を禁止している。公的種子制度の重要性を再認識しなければならない。

③　種苗法改正について

　2020 年 3 月 3 日に種苗法改正案が閣議決定し、今国会に提出し 2021 年 4 月施行を目指している。種苗法は種子法と名前こそ似ているが目的はまったく異なる法である。種苗法は品種育成をした人の知的財産権を守るために定めた法律であり、登録された品種について生産や販売を独占できる「育成者権」を認めている。またこれには例外があり、農業者が経営の範囲内で再生産するために自家採種したり、新品種育成のための交配親にするために栽培することを可能にしている。しかし、近年、知的財産権の育成者権が強化され農業者の自家採種を制限する方向にある。種苗法改正の問題点は 2 点ある。まず日本の種子の海外流出を防ぐことを理由に農業者の自家採種を原則禁止にし、種子への権利が制限されることである。また種子法の廃止に伴い、民間企業や外資参入の動きが強まれば、育成者権強化により農業者の品種選択はさらに狭まるだろう。毎年、民間企業から F1 種子を購入することになれば、農業者への負担は大きくなり、大変なことになるだろう。最後に種子法を廃する法律案に対する附帯決議をあげておこう。撤廃により不安視していることの一端が見えている。

【参考】

主要農作物種子法を廃する法律案に対する附帯決議

　主要農作物種子法は，昭和 27 年に制定されて以降，都道府県に原種・原原種の生産，奨励品種指定のための検査等を義務づけることにより，わが国の基本的作物である主要農作物（稲，大麦，はだか麦，小麦及び大豆）の種子の国内自給の確保及び食料安全保障に多大な貢献をしてきたところである。

　よって政府は，本法の施行に当たり，次の事項の実現に万全を期すべきである。

一．将来にわたって主要農作物の優良な品質の種子の流通を確保するため，種苗法に基づき，主要農作物の種子の生産等について適切な基準を定め，運用すること。

二．主要農作物種子法の廃止に伴って都道府県の取組が後退することのないよう，都道府県がこれまでの体制を生かして主要農作物の種子の生産及び普及に取り組むに当たっては，その財政需要について，引き続き地方交付税措置を確保し，都道府県の財政部局も含めた周知を徹底するよう努めること。

三．主要農作物の種子について，民間事業者が参入しやすい環境が整備されるよう，民間事業者と都道府県等との連携を推進するとともに，主要農作物種子が，引き続き国外に流出することなく適正な価格で国内で生産されるよう努めること。

四．消費者の多様な嗜好性，生産地の生産環境に対応した多様な種子の生産を確保すること。特に，長期的な観点から，消費者の利益，生産者の持続可能な経営を維持するため，特定の事業者による種子の独占によって弊害が生じることのないよう努めること。

　右決議する。

注

この本は次の諸論文をもとにして加筆展開したものである。

［1］　朝日新聞社編『朝日現代用語知恵蔵』朝日新聞社，1994年1月の筆者の担当部分「岐路に立つ世界の食糧問題」。

［2］　農業と経済編集委員会（小委員：荒木幹雄，祖田修，山口三十四）・富民協会編『図でみる昭和農業史』富民協会，1989年12月の筆者の担当した諸論文。

［3］　山口三十四「わが国人口と農業に関する政策的考察」『柏祐賢著作集』完成記念出版会編『現代農学論集』日本経済評論社，1988年11月。

［4］　——「日本経済の構造再編と農業」山本修編『日本農業の課題と展望』家の光協会，1990年4月。

［5］　——「日本経済の構造変化と農業」『農業と経済』第56巻・第7号，1990年6月。

［6］　——「財政金融構造の変化と農業」『農業と経済』第56巻・第9号，1990年8月。

［7］　——「農業・土地・人口」新庄浩二・山口三十四・丸谷泠史・足立正樹編『現代経済政策論入門』有斐閣，1991年10月。

［8］　——「農政論の課題と展望」頼平編『国際化時代の農業経済学』富民協会，1992年3月。

［9］　——「農産物自由化における牛肉・オレンジの位置付け」『農業と経済』臨時増刊号，第58巻・第14号，1992年12月。

［10］　——「米問題の背景と本質」祖田修・堀口健治・山口三十四編著『国際農業紛争』講談社，1993年3月。

［11］　——「現在日本の食料と人口問題——『新政策』の再検討と国際協力」『国民経済雑誌』第167巻・第5号，1993年5月。

＜第1章＞

　1）　実物市場の均衡線 *IS* が右下がりになるのは，付録の第1図で導出されるが，言葉でいえば，利子率 *r* が上昇するにつれ，投資が減少し，投資と貯蓄の均等より貯蓄が減少し，この貯蓄の減少に対応するには所得が減少しなければならないからである。一方，同様にして金融市場の均衡線 *LM* が右上がりになるのは，第

注

1 図により導出されるが，言葉でいえば，利子率 r が上昇するにつれ，債券価格が下落し，人々は債券価格の値上がりを期待して債券を買う。それゆえ，投機的に持つ貨幣 L_2 は減少するのである。そして貨幣の取引需要 L_1 が増大する（$L_1 + L_2 = L^s$ で一定であるから）。この L1 の増加に対応するには所得が増加しなければならないからである。

2） 国際収支は経常収支（$X-M$）と資本収支 $-F(r)$ の合計より成り立っている。BP 曲線の上方では，同じ所得 Y に対し利子率 r が高く，従って資本純流出 $F(r)$ は少なくなる。それゆえ経常収支が一定で資本収支の資本流出が少なくなるゆえ国際収支は黒字となるのである。なお第2図は BP 曲線の導出のための図である。第2象限は資本純流出 $F(r)$ が利子率 r の減少関数であることを示し，第4象限は所得 Y が増加するにつれ，輸入 $M(Y)$ が増加し，それゆえ経常収支（$X-M$）が減少することを示したものである。第3象限は経常収支（$X-M$）と資本純流出 F（r）の均衡線（換言すれば国際収支のゼロの均衡線）を示したものである。この図より BP 曲線は右上がりの曲線として得られることになる。

3） これらの点に関しては経済企画庁『経済白書』平成元年版，大蔵省印刷局，1989 年 8 月，64-70 ページを参照。

4） これらの点に関しては日本経済新聞社編『ゼミナール日本経済入門』日本経済新聞社，1989 年 4 月，78 ページの表等を参照。

5） 経済企画庁『前掲書』，85-87 ページを参照。

6） 経済企画庁『前掲書』，163 ページを参照。

7） 真弓定夫「健康にとって農業とは何か」『農業と経済』第 55 巻・第 8 号，1989 年 7 月，52-59 ページを参照。

8） 宇澤弘文「自由化命題と農業問題」『農業と経済』臨時増刊号，第 55 巻・第 5 号，1989 年 4 月，16-22 ページを参照。

9） この点に関しては本書第 3 章および山口三十四「わが国人口と農業に関する政策的考察」『柏祐賢著作集』完成記念出版会編『現代農学論集』日本経済評論社，1988 年 11 月，158-181 ページを参照。

10） 日本経済新聞社編『前掲書』日本経済新聞社，1989 年 4 月，195 ページ。

11） 野尻武敏『転換の時代と生協運動』灘神戸生協人材開発部，1988 年 2 月の 48 ページ以下を参照。

＜第 2 章＞

1） 速水佑次郎『農業経済論』岩波書店，1986 年 1 月，第 8 章を参照。

2） 農業搾取という言葉については速水佑次郎『前掲書』の第 1 章を，また食料

問題と農業調整問題については第1〜5章を参照。

＜第3章＞

1） 本間正義「農業保護水準引き下げよ」日本経済新聞の経済教室の1987年6月12日付。速水佑次郎『農業経済論』岩波書店，1986年1月，第6章。

2） 中川聰七郎「生産性向上で農業再建を」日本経済新聞の経済教室の1987年7月9日付。

3） 岡本末三「日本農業は果して過保護か」『農林統計調査』1983年11月号，42-43ページ。

4） より詳細は本章および山口三十四「農産物自由化と日本農業の生きる道」『農業と経済』第54巻・第5号，1988年5月，15-24ページを参照。

5） 荏開津典生『農政の論理を匡す』農林統計協会，1987年8月。

6） 大前研一「第3次農地解放のすすめ」『文芸春秋』1986年8月，202ページ。

7） 中嶋千尋『私の「土地」政策「コメ」政策』中央公論社，1987年10月のほぼ全ページを参照。

8） 速水佑次郎『前掲書』岩波書店，1986年1月の第6章。

9） ヘンリックスマイヤーは農業保護の論拠として，①所得不均衡の縮小，②食料供給の保障，③環境・景観をもたらす外部効果の他に，④家族農業構造の維持や，⑤食料の品質保証をあげている。しかし，④は①と原理的に矛盾し，⑤は国際農産物貿易を制限する論拠にはならないとしている。

10） 藤谷築次「農業保護論の新たな視角」『農業と経済』第49巻・第1号，1983年1月を参照。

11） 協同組合経営研究所編『検証！ 農業批判を正す』全国農協中央会，1987年6月，126ページ。

12） より詳細は本書の第8章および山口三十四「産業構造政策の経済理論」頼平編『農業政策の基礎理論』家の光協会，1987年11月，297-322ページを参照されたい。

13） この点についてのより詳細は，例えば石倉皓哉『農産物自由化の総点検』富民協会，1988年12月を参照されたい。

14） 増井和夫「牛たちを大地にもどせ——粗飼料大国日本の選択」農政ジャーナリストの会編『牛肉自由化と今後の展望』農林統計協会，1988年10月。

15） 農産物貿易摩擦の原因については，祖田修・堀口健治・山口三十四編著『国際農業紛争』講談社，1993年3月に収められたシンポジウム（1991年東京で開催の国際農業経済学会）の各発表者の論文を参照されたい。またその整理は祖田

修による終章を参照。

16) 祖田修もいうように，この東京のシンポジウムでも農業の公益的機能や生態環境的側面がようやく理解されようとしているのみである。その意味でアメリカに農業の社会的文化的意義を評価させるには，いまだ多くの時間が必要であろうと痛感されるのである。

17) その意味で，日本の PSE，AMS や NRP の値が最大であるといえど，EC やアメリカのように過剰問題を生じさせるような攻撃的なものとはなっていないのである。すでに見たように，内外価格差で測定した保護率の高さは主として地形的要因により決定されるものである。

18) 日本の貿易収支の黒字を減らすため，海外旅行もある意味で奨励されている。筆者は 1992 年 5 月までカナダのバンクーバーで海外研修を行っていたが，この研修で痛感したことは次のような感情的な摩擦である。すなわちバンクーバー近辺の，北米最大のスキーリゾート地のウィスラーで，夜遅くまで勉強に励むカナダ大学生と異なり，ブランド品を買いあさり，プロ・スキーヤーなみの服装でスキー場を席巻し，スキー料金をつり上げる日本の男女の大学生への批判が大いになされている光景に出くわした。また一流ホテルでは日本のスキー客を半分以下に抑えているところもあった。このような成金日本に対する感情的な摩擦は表面上に表れないだけに，より困難な問題となっているのである。

＜第 4 章＞

1) この点については，山口三十四『日本経済の成長会計分析——人口・農業・経済発展』有斐閣，1982 年 11 月，第 4 章を参照。

2) より詳しくは山口三十四『同上書』，第 4 章を参照。

3) 明治以降現在までの農産物の価格変動が非農産物に比べ，いかに大きいものであるかは，第 2-1 図ないしは農業と経済編集委員会（小委員：荒木幹雄，祖田修，山口三十四）・富民協会編『図でみる昭和農業史』富民協会，1989 年 12 月の 13-14 ページを参照。

4) より詳細は山口三十四「産業構造政策の経済理論」頼平編『農業政策の基礎理論』家の光協会，1987 年 11 月，297-322 ページを参照。

＜第 5 章＞

1) より詳細は農業と経済編集委員会・富民協会編『図でみる昭和農業史』富民協会，1989 年 12 月の荒木幹雄論文（120-121 ページ）および山口三十四論文（26-27 ページ）を参照されたい。

2）　より詳細は農業と経済編集委員会・富民協会編『前掲書』の清水哲郎論文
（146-149 ページ）を参照されたい。

3）　より詳細は農業と経済編集委員会・富民協会編『前掲書』の嘉田良平論文
（120-121 ページ）を参照されたい。

4）　詳細は速水佑次郎『農業経済論』岩波書店，1986 年 1 月，第 6 章を参照。

＜第 6 章＞

1）　より詳細は農業と経済編集委員会・富民協会編『図でみる昭和農業史』富民
協会，1989 年 12 月の平塚貴彦論文（52-53，56-57 ページ）を参照されたい。

2）　より詳細は農業と経済編集委員会・富民協会編『前掲書』の西村博行論文
（70-73 ページ）および辻井博論文（178-179 ページ）を参照されたい。

3）　より詳細は農業と経済編集委員会・富民協会編『前掲書』の山口三十四論文
（26-27 ページ）を参照されたい。

4）　より詳細は農業と経済編集委員会・富民協会編『前掲書』の藤田元彦論文
（108-109 ページ）を参照されたい。

＜第 7 章＞

1）　より詳しいデータは日本経済新聞社編『ゼミナール日本経済入門』日本経済
新聞社，1989 年 4 月および 1993 年 4 月の第 5 章を参照。

2）　これらの点については今村奈良臣・両角和夫『農業保護の理念と現実』農山
漁村文化協会，1989 年 5 月の第 I 部の序章および第 1 章を参照。

3）　経済企画庁『経済白書』平成元年版，大蔵省印刷局，1989 年 8 月，258 ペー
ジ，第 4-1-1 図を参照。

4）　経済企画庁『前掲書』，292-294 ページ，特に第 4-2-8 表を参照。

5）　これらの点については日本経済新聞社編『前掲書』日本経済新聞社，1989 年
4 月の第 6 章を参照。

6）　この点については日本経済新聞社編『前掲書』日本経済新聞社，1989 年 4 月
の 238-253 ページを参照。

7）　これらの点は今村奈良臣・両角和夫『前掲書』農山漁村文化協会，1989 年 5
月の第 II 部の第 1 章，特に 172-173 ページを参照。

8）　これらの点については今村奈良臣・両角和夫『前掲書』の第 II 部の特に 289
ページを参照。

9）　以上のより詳細な説明は今村奈良臣・両角和夫『前掲書』の第 II 部の第 1 章
を参照。

注

<第8章>

1） 小島清「農業保護主義とコメ自由化」『世界経済評論』第35巻・第6号，1991年6月，32ページを参照。

2） 藤谷築次「新しい農政理論と農業政策の展開条件」藤谷築次編『農業政策の課題と方向』家の光協会，1988年6月の結章参照。

3） 貿易摩擦の日本農業への直接的および間接的影響については本書の第1章および山口三十四「日本経済の構造再編と農業」山本修編『日本農業の課題と展望』家の光協会，1990年4月を参照。

4） 速水佑次郎『農業経済論』岩波書店，1986年1月の270-271ページ。

5） 藤谷築次「農業政策の役割と今日的課題」藤谷築次編『前掲書』家の光協会，1988年6月の第3章第2節。

6） 従来の生産，構造，価格，流通，貿易，環境整備政策の6手段に地域，食品産業，消費，消費者保護，備蓄および国際協力政策の6手段が新しくつけ加えられている。また目標に関しては環境的視点，消費者的視点，国際的視点がまったく新しくつけ加えられている。

7） 藤谷築次編『前掲書』，226ページ。

8） 山口三十四『日本経済の成長会計分析――人口・農業・経済発展』有斐閣，1982年11月，17-19ページ。

9） 藤谷築次編『前掲書』の多くの章。

10） 藤谷築次「農業保護論の新たな視角」『農業と経済』第49巻・第1号，1983年1月。藤谷築次編『前掲書』。山口三十四「農産物自由化と日本農業の生きる道」『農業と経済』第54巻・第5号，1988年5月。

11） 叶芳和『農業・先進国型産業論』日本経済新聞社，1982年7月の特に第10章。Y. Hayami, *Japanese Agriculture under Siege*, Macmillan Press, 1988. それに対する批判は山口三十四による書評『農業経済研究』第61巻・第2号，1989年9月，109-111ページ参照。

12） 中嶋千尋『私の「土地」政策「コメ」政策』中央公論社，昭和62年10月の168-209ページ。藤谷築次編『前掲書』の第3章第2節および結章。

13） 紙幅の都合上説明できないが，国内的調整については例えば藤谷築次「新しい農政理念と日本農業の進路」藤谷築次編『前掲書』所収の結章第1節を，地域的調整には小池恒男「自治体農政の役割と課題」藤谷築次編『前掲書』所収の第3章第4節を参照。

14） アウトプット調整やインプット調整に関しては次の諸論文等を参照されたい。アウトプット調整：灘泰宏・宮部和幸「農業生産再編の新しい動向と課題」山

本修編『前掲書』家の光協会，1990 年 4 月。インプット調整：〈担い手〉武部隆
｜農業構造政策の課題と展開方向」藤谷築次編『前掲書』所収，藤谷築次「農業
構造再編の新しい動向と課題」山本修編『前掲書』所収。〈土地〉武部隆「前掲
論文」藤谷築次編『前掲書』所収，武部隆「日本の土地問題と農業」山本修編
『前掲書』所収。

15)　山口三十四「前掲論文」『農業と経済』1988 年 5 月，20 ページ。

16)　藤谷築次「前掲論文」『農業と経済』1983 年 1 月，26-33 ページ。

17)　*IS, LM* 曲線については例えば，本書の付録第 1 部および山口三十四「財政
金融構造の変化と農業」『農業と経済』第 56 巻・第 9 号，1990 年 8 月を参照。

18)　藤谷築次編『前掲書』家の光協会，1988 年 6 月，417 ページ。

19)　山本修編『前掲書』家の光協会，1990 年 4 月，377 ページ。

20)　山口三十四「前掲論文」『農業と経済』1988 年 5 月，および山口三十四「持
続可能な農業および経済発展 —— 人口と自然の共存する発展」『国民経済雑誌』
第 163 巻・第 3 号，1991 年 3 月を参照。

21)　山口三十四「前掲論文」『国民経済雑誌』1991 年 3 月の 32-33 ページ参照。

22)　1991 年の IAAE 学会において田代洋一は自由貿易にかわる国際正義として次
の 3 点，①地球環境保全への貢献，②食糧危機の回避，③各国の経済不均衡の是
正をあげている点は本書の主旨と一致するものであろう。

23)　藤谷築次編『前掲書』家の光協会，1988 年 6 月，418 ページ。

<第 9 章>

1)　この TPP と日米貿易協定の部分は，種子法（下記注 12））の参考文献である
久野（2 文献），農山漁村文化協会編と三橋の文献を合わせた 4 文献以外の，合
計 10 文献（以下，姓のみ記述。上谷田，小島，鈴木・木下，田代，服部，安田，
外務省〔2 文献〕，農水省，内閣官房の 10 文献）から多くを得ている。記して謝
意を表したい。

2)　服部信司「TPP —— アメリカの対アジア戦略」農山漁村文化協会編『TPP 反
対の大義』農山漁村文化協会，2010 年 12 月，31-36 ページ。

3)　小泉祐一郎『世界一わかりやすい「TPP」の授業』中経出版，2012 年 3 月，
41-54 ページ。

4)　鈴木宣弘・木下順子『よくわかる TPP48 のまちがい』農山漁村文化協会，
2011 年 12 月，40-41 ページ。

5)　安田美絵『サルでもわかる TPP』合同出版，2012 年 6 月，37 ページ。

6)　田代洋一編『TPP 問題の新局面』大月書店，2012 年 6 月，95-97 ページ。

注

7） 外務省 HP（https://www.mofa.go.jp/mofaj/files/000402972.pdf）日米共同声明 2018 年 9 月 26 日。

8） 上谷田卓「日米貿易協定及び日米デジタル貿易協定の概要」『立法と調査』 2019 年 11 月。

9） 外務省 HP（https://www.mofa.go.jp/mofaj/files/000520820.pdf）日米共同声明 2019 年 9 月 25 日。

10） 農水省 HP（https://www.cas.go.jp/jp/tpp/ffr/pdf/20191118_TPP_setsumeikai_shiryo.pdf）日米貿易協定（概要）

11） 内閣官房 HP（http://www.cas.go.jp/jp/tpp/ffr/pdf/191029_TPP_bunseki.pdf）日米貿易協定の経済効果分析

12） この種子法の部分の作成にあたり，久野（2 文献），農山漁村文化協会編と三橋とを合わせた 4 文献に多くを得ている。記して謝意を表したい。

13） 久野秀二「主要農作物種子法廃止で露呈したアベノミクス農政の本質」『農村と都市をむすぶ』No. 788，2017 年 6 月号，42-48 ページを参照。

14） 農山漁村文化協会編『種子法廃止でどうなる？』農山漁村文化協会，2017 年 12 月，28 ページを参照。

15） 久野秀二「主要農作物種子法廃止で露呈したアベノミクス農政の本質」の 46-47 ページから引用。

16） 1962 年から 1966 年にインドは深刻な食糧不足になっていた。そこにモンサント社が入り込み，遺伝子組み換え種子等とともに米の増産に成功し，ミラクルライスとしてもてはやされた。しかし，結果は伝統的農法が失われ，インド人民に多量の飢餓をもたらした。また世界の農業国だったアルゼンチンにも，モンサント社は，遺伝子組み換え商品の GM 大豆と除草剤のラウンドアップを導入。このラウンドアップに耐性を持つ GM 大豆以外は，固有の農産物を全滅させた。この大豆は食用にならず，家畜の飼料として輸出されている。外資企業の参入で，自分たちが食べる食料が作れなくなったのである。それゆえ飢餓が派生し，多くの命が失われてきたのであった。いったん導入すると，農薬会社は特許の侵害として，農家が翌年のための種子を保存することを許していない。種子法はこれを禁じている。それゆえ，非常に高価な種子を買う必要が生じるのである。種子法の廃止で，同じ事が日本で生じようとしている（月刊三橋事務局〔経営科学出版社，support@keieikagakupub.com，2 月 26 日，3 月 4 日を参照〕）。

17） 三橋貴明『日本を破壊する種子法廃止とグローバリズム』彩図社，2018 年 4 月，236-237 ページを参照。

付　　　録

▨第 1 部　マクロおよびミクロ経済学の基礎

（1）　経済学での経済の状態

　ここでは，基礎部として，マクロ・ミクロ経済学のエッセンスを説明する
ことにしよう。この基礎部の図表には付録（appendix）という意味で，図
表には添え字 a を付けることにする。経済学では，世界は，自国と外国があ
り，自国には消費者，企業，政府が存在するとみなしている（第 1a 図を参
照）。

　ここで，X 財を横軸に，効用 U を縦軸にとると，第 2a 図のような形にな
る。この効用というのは「いいなー，そうして欲しい，それにより嬉しい」
等と思う大きさである。すなわち，X 財が非常に少ないときは，効用は X
財の増加にともない，加速度的に大きくなるが，変曲点 a を超えると，効
用の伸び方が次第に小さくなってくる。そして，ある点（b 点）以上になる
と，効用が減少することを示している。この効用の伸び方が，次第に小さく
なってくる状態を限界効用逓減の法則といっている。

　この限界効用というのは，ほんのわずか X 財を増やしたときに，効用が
どれほど増減するかを示したものである。その限界効用逓減の法則の様子も
含むように，第 2a 図が描かれている。ここで，消費者は効用の極大を目標
にし，消費 C を行う。消費者は 3 次元で描いた第 3a 図の中の，縦軸の高さ，
すなわち効用（U）の高さを持っている。それゆえ，X 軸の商品 1 の量が多
くなるにつれ，U の高さ，すなわち効用の大きさが大きくなるように描かれ
ている。

　一方 Y 軸の商品 2 も同様に，Y が大きくなれば，効用が大きくなるように

165

付　　録

■ 第1a図　経済の様子

自国 →	政府（租税 T − 政府支出 G）	
	消費者（効用極大）消費 C	企業（利潤極大）投資 I

↓ 輸出 X　　　　　　　　　↑ 輸入 M

外国 →	外国 $(X-M)$

■ 第2a図　商品（財）X とその効用の大きさ

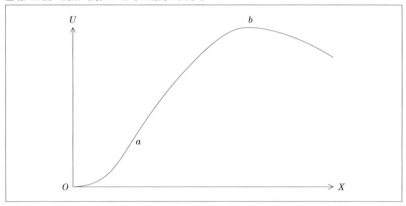

描かれている。それゆえ，個人により効用の山の効用は異なるが，第3a図のような効用をもった人には，商品1も2も大きい点では効用が最大（第3a図の U の頂点）になっている。この効用の山は，限界効用逓減の法則に従って描かれている。

　そして，第3a図の山の地図の等高線のようなもの（いわば，効用が等しい等効線）を，XY 平面に投射すれば，直角双曲線 $XY=A$ のような線が得られる。これは，経済学では「無差別曲線」と呼ばれ，この無差別曲線は，効用がすべて同じ点の集まりである。そして，第4a図の予算線との接線で，

166

▨ 第3a図　財 X, Y と効用の図

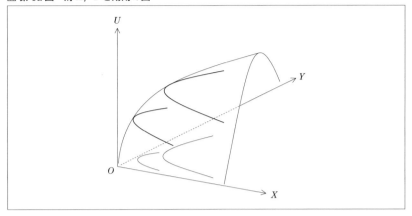

XY の消費量が決定される（第4a図では，X_1 と Y_1 の量）。この点では無差別曲線の傾きと予算線の傾きが等しい点で，効用が極大点となっている。この無差別曲線の傾きは「限界代替率」と呼ばれ，商品 X をほんのわずか増加させると，同一の効用を得るには，商品 Y をどれだけ減少させればよいかの大きさを表している（Y 軸に商品2でなく，貨幣をとると，付録の第13a図のように限界評価と呼ばれる）。予算線を，$P_1X_1+P_2X_2=E$ とする。ここで，E は予算額，P は価格，X は商品とし，下付き数字の1は商品1，2は商品2を表すとしよう。すると，予算線の傾きは $X_2=-(P_1/P_2)\,X_1+E/P_2$ となり，その傾きはマイナスの (P_1/P_2) となる。すなわち予算線は右下がりで，傾きは（商品1/商品2）の価格比となる。それゆえ，「限界代替率が価格比に等しい」点で効用は最大になることを示している。

　また，企業は収入 R マイナス支出 C' の利潤（$\pi=R-C'$）を極大にすることを目標としている。付録第2部の第15a図が示すように，生産額（価格×数量，第15a図では PY）は，労働量が増加するにつれ，増加するが，最初は加速度的に増加し，変曲点を過ぎると収穫逓減の法則が起こり，増え方が次第に小さくなり，頂点に達し，その後は減少するように描かれている。一方，賃金線は原点から始まり，各目賃金率を傾きにする直線である。この

付　　録

▨ 第4a図　無差別曲線と予算線

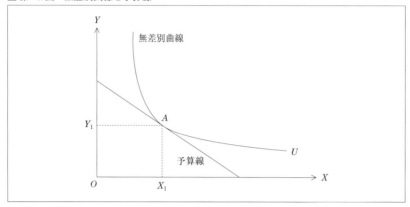

限界代替率＝価格比	労働の限界価値生産力＝名目賃金率

　第15a図からも明らかなように，利潤極大点はA点であり，この点で利潤（生産額曲線，ないしは生産額曲線と賃金線の差である，三日月のような形の縦の幅）が最大になっている。ここでは生産額曲線の傾き「(労働の限界価値生産力）が，賃金線の傾き（名目賃金率）に等しい点」となっている。

　一方，政府は所得税，法人税，消費税等，租税Tを徴収し，公共投資等も含む政府支出Gを行う。この政府支出や租税の徴収を通じ，財政政策を行い，日本銀行（日銀）が貨幣供給の増減により，金融政策を行っている。日銀は次の4つの手段で貨幣供給の増減を行う。第1は，支払準備率の変更である。日銀は銀行の銀行で，支払いの準備のため，ある程度の貨幣を所持している。その量を変更することにより，市中の貨幣の量をコントロールする。第2は，金利（利子率）の増減である。金利を高くすれば，預金のため，市中の貨幣量が減り，逆は逆である。第3は，公開市場操作（Open Market Operation）であり，有価証券の売買，すなわち，購入（お金で支払うため，市中の貨幣量が増加。買いオペと呼ばれている）と販売（市中の貨幣量が減少。売りオペと呼ばれている）により，貨幣供給を増減する。第4は，外国為替市場への介入を通じて為替レートに影響を与えることである。また外国

168

へは，輸出 X を行い，輸入 M を行っている。通常の経済理論では，輸出 X は所与とされているが，輸入 M は所得が増加すれば増大すると仮定されている場合が多い。国際収支は $X-M$ となる。

（2）　マクロ経済学とミクロ経済学

　経済学では研究対象として，マクロ経済学とミクロ経済学との2つに分類されている。各国全体の GNP や企業全体の投資，消費者全体の消費，政府，全輸出や全輸入等，経済全体を捉える経済学をマクロ経済学と呼び，上述の財政政策や金融政策等はマクロ経済学の対象となっている。一方，ミクロ経済学は消費者の理論，企業の理論等，国全体ではなく，各消費者はどのような行動を行うか，また企業もどのような行動を行うか等を研究する学問である。上述の消費者の効用関数による効用極大を分析し，無差別曲線，限界代替率と予算線の傾きが等しい点が利潤極大点と分析するのがミクロ経済学である。企業も収入－支出が利潤で，利潤極大点は限界価値生産額が名目賃金率に等しいと分析するのもミクロ経済学である。

　続いて，マクロ経済学で非常に重要なケインズ経済学を説明しよう。[1] 経済学では，上述のような，消費者，企業，政府と外国が存在する。そこで，これらの活動を簡潔に解説しよう。Y を国民総生産 GNP，C を消費，I を投資，G を政府支出，X を輸出，M を輸入とすると，GNP である Y は消費 C，投資 I，政府支出 G に輸出 X を加え，輸入 M を差し引いたものの合計である。[2] すなわち，

$$Y = C + I + G + X - M \tag{1}$$

となる。これを図示すると，第5a図のようになる。ここで Y は GNP，国民総生産だが，最近では GDP，国内総生産が GNP に代わってよく使用されている。その場合，Y は GDP で，国内総生産となり，第5a図の45度線でない線の $C+I+G+X-M$ は輸出入を除いた $C+I+G$ のみの曲線となる。一方，消費は，Y が大きくなると，増加するゆえ，1次曲線でおくと，

$$C = aY + b \tag{2}$$

▨ 第 5a 図　有効需要の式，$Y=C+I+G+(X-M)$

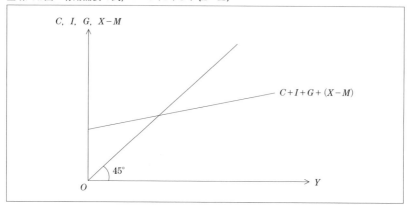

となる（第 6a 図）。ただし，直線 a は傾き（限界消費性向），b（切片の大きさで，原点から消費曲線が y 軸を切る点迄の距離）は切片で，基礎消費と呼ばれている。この基礎消費は，所得がゼロでも生活に必要な，例えば食料品や衣類品等の消費量である。式(2)を式(1)に代入すると，

$$(1-a)\ Y=b+I+G+X-M \tag{3}$$

それゆえ，

$$Y=(b+I+G+X-M)\ /\ (1-a) \tag{4}$$

a は限界消費性向（1 次曲線(2)の傾きで，所得 Y をほんの少し増加させると，消費 C がどれほど増加するかを示す）と呼ばれ，値は国・地域や時期により，異なるが，通常は，およそ 0.8 程度である。それゆえ，限界貯蓄性向（$S=Y-C$ である。それゆえ，貯蓄 $S=Y-aY+b$ となる。これより，$S=(1-a)\ Y-b$ となり，その傾き $(1-a)$ は限界貯蓄性向と呼ばれている）は 0.2 くらいになる。そこで，$1/\ (1-a)$ は 5 になる。そこで，式(3)の右辺 $(b+I+G+X-M)$，基礎消費 b，政府支出 G，輸出 X のいずれも，例えば 1 万円増加すれば，所得 Y は 5 万円増加することになる。すなわち，基礎消費，投資，政府支出，輸出が増大すれば，GNP は増加することになる。5 は乗数と呼ばれ，それぞれ，投資乗数，政府支出乗数，輸出乗数と呼ばれ，国の政策等

▧第6a図　消費曲線 $C=aY+b$ の図示

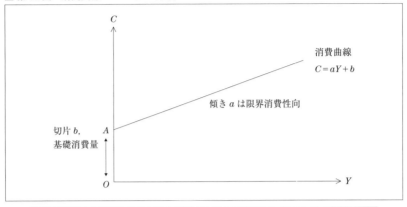

消費曲線
$C = aY + b$

傾き a は限界消費性向

切片 b,
基礎消費量

A

$$政府支出乗数,\ 投資乗数,\ 輸出乗数 = \frac{1}{(1-a)} = \frac{1}{限界貯蓄性向}$$

に，非常に重要な値である。

　逆に輸入 M が増加すれば，GNP が減少することになる。限界消費性向 a が 0.9 に増加すれば，乗数は 10 になり，GNP はいっそう増加する。この点で，ケインズ経済学では，「消費は王様である」といわれることになる。

　環境問題等を考慮すれば，この理論は問題が出るが，成熟経済の経済構造では，このケインズ経済学がよく当てはまる。つづいて，投資 I は利子率の関数である。利子率が高いと企業は銀行より資金を借りて，投資することを躊躇し，逆は逆である。それゆえ，投資は利子率の逆関数（第7a図のように，右下がり）である。もう少し，厳密にいえば，投資すれば，コスト C がかかるが，一方では，その時以降，将来にかけて，収益（予想収益）が出る。その投資費用 C と等しくさせる予想収益の現在価値の割引率（予想収益率，ロー，ρ）のことを，「投資の限界効率」（Marginal Efficiency of Investment，MEI）と呼ぶ。

　この ρ が利子率 r より大きいと，その投資は採用され，イコール（＝）で

▨ 第 7a 図　投資曲線 $I=mr+n$ の図示

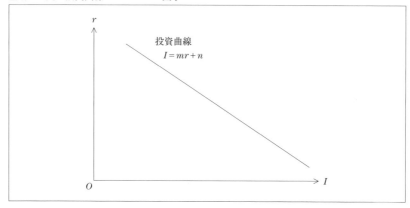

あれば，少なくとも損失はないが，ρ が r より小さいと，その投資は不採用
となる。また上述のように，政府は租税収入を持ち，政府支出を行っている。
さらに，既述のように，外国に目を向けると，輸入 M は国内の GNP の増加
関数となる。すなわち，通常，GNP が増加すると，輸入も増大するといわ
れている。そして，財政政策，公共支出増による G の増加も所得 Y を増加
させ，まったく同様に輸出 X の増加も所得 Y を増加させることになる。[3]

　ところで，世の中の経済は，モノとカネの両面（2 面）に分けられる。モ
ノの「所得と利子率」の関係を表すのが「IS 曲線」（右下がり）であり，x
軸（横軸）を所得 Y，y 軸（縦軸）を利子率 r と表すと，右下がりの線にな
る。一方，カネの所得と利子率の関係を表すのが「LM 曲線」であり，この
傾きは右上がりとなる。第 8a 図には IS 曲線と LM 曲線が示されている。IS
曲線は，$[S=S\ (Y)$，$I=I\ (r)$，$S=I]$ から右下がりの線が得られる（利子
率 r が上がると，投資 I が減り，均衡では，投資＝貯蓄，$S=I$ ゆえ，S が減
少する。そのためには所得 Y が減少しなければならない。結局，利子率 r
の増加は，所得減になるゆえ，右下がりの曲線になる）。

　一方，LM 曲線（右上がり）は $[M_1=f\ (Y)$，$M_2=F\ (r)$，$M_1+M_2=M^s]$
から右上がりの線が得られる。ここで，M_1 は取引需要で，所得 Y が上がり，

■第 8a 図　*IS*, *LM* 曲線と *IS* 曲線のシフト

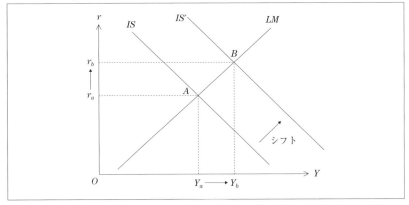

右下がりの *IS* 曲線（モノ）と，右上がりの *LM* 曲線
（カネ）は所得と利子率との関係を示す図である

　好景気時には仕事の取引が多くなるゆえ，取引需要 M_1 は大きくなる。それ
ゆえ，取引需要 M_1 は所得 Y と正の関係があることになる。一方，M_2 は投
機的需要と呼ばれ，債券価格が高いときは購買せず，将来債券価格が低落す
るまで，投機としてお金を蓄えることを意味している。ここで，利子率と債
券価格は逆相関にあることを説明する。例として，ある人が債券価格（元
本）100 円，金利 2 %（単利）で，10 年満期の債券を持っているとする。こ
の債券は満期では，合計 120 円が貰えることになる。そのとき，利子率が上
がり，債券価格（元本）100 円，金利 5 %（単利）の債券があるならば，そ
の債券は満期時には 150 円貰える。それゆえ，2 % の債券は 70 円でないと
売れないので，価格が低下することになる。
　すなわち，債券価格と利子率は逆相関になっている。それゆえ，利子率が
上がり，債券価格が低下したら，投機的需要を減らし，安い債券を買うこと
になる。それゆえ，利子率と投機的需要 M_2 は，逆相関を持ち，図示すると
右下がりの曲線になる。そこで *LM* 曲線は右上がりの曲線になる。すなわち，

173

▨ 第9a図　*IS*, *LM* 曲線と *LM* 曲線のシフト

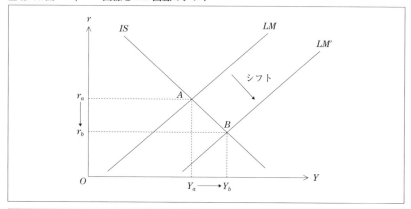

政府支出 *G* の増加は *IS* 曲線を右にシフトさせ，

貨幣供給 *M*ˢ の増加は *LM* 曲線を右にシフトさせる

利子率が上がり，投機的需要 M_2 が下がると，$[M_1 = f(Y)$，$M_2 = F(r)$，$M_1 + M_2 = M^s]$ より，貨幣供給量 *M* が一定のため，M_1 が上がらなければならず，そのためには所得 *Y* が大きくなる。それゆえ，結局利子率が上がると所得 *Y* が上がり *LM* 曲線は右上がりの曲線になる。上述のように，第8a図ないしは第10a図の第1象限のように，*IS* 曲線は右下がりになっている。また，第8a図ないしは，第10a図の上図が示すように，政府支出 *G* が増加すれば，*IS* 曲線は，右にシフトする。

　その結果，所得 *Y* と利子率 *r* の両方が増加する（所得は $Y_a \to Y_b$ へ増加し，利子率も r_a から r_b へと高くなる）。公共支出増加△*G*↑ が所得 *Y* を増加させ，景気がよくなるのはこのためである。逆に租税 *T* が増加すると，*IS* 曲線は左にシフトし，所得 *Y* と利子率 *r* はともに減少し，景気が悪くなる。この説明には $[S = S(Y)$，$I = I(r)$，$S = I]$ に租税 *T* を入れた式である $[S = S(Y)$，$I = I(r)$，$S + T = I + G]$ が必要である。投資 *I* と政府支出 *G* が一定なので，租税 *T* が増加すると，貯蓄 *S* が減少しなければならない。そのため

には，所得 Y が減少していなければならないのである。それゆえ，租税 T が増加すると，IS 曲線は左にシフトすることになる。

LM 曲線は第 9a 図ないしは，これも第 10a 図下図の第 1 象限が示すように，右上がりになる。また貨幣供給 M^s の増加は，LM 曲線を右にシフトさせることになる。すなわち，M^s が増加すれば，同じ利子率では取引需要 M_1 が増加せねばならない。取引需要 M_1 の増加は所得 Y の増加があってはじめて可能になる。それゆえ，貨幣供給の増加は LM 曲線を右にシフトさせることになることがわかる。貨幣供給の増加（金融緩和），すなわち，$\triangle M \uparrow$ が所得 Y を Y_a から Y_b へと増加させ，景気がよくなるのはこのためである。また利子率 r は r_a から r_b へと低下することもわかる。

続いて，為替レートの話をしよう。現在の日本最大の工業地帯は，豊田市のトヨダ自動車がある中京工業地帯である。そのトヨタ自動車会社は，かつて為替レートが 1 円，円安になると，400 億円の利益があるといわれていた。それゆえ，為替レートは日本経済に非常に大きな影響を持っている。1973 年頃までは 1 ドルが 360 円であった。現在は 110 円前後になっている。360 円支払わないと，1 ドルが買えなかったのが，現在では 110 円で買える。これは，円の値打ちが上がったので，円高になったという。円安にするには，日本の①貨幣供給を増やす。②利子率を下げる。③輸出を減らし，輸入を増やす。④非常に変だが，日本経済を弱くするような政治や国際状況を作る等をすればよい。もう少し説明することにする。

①まず貨幣供給を増やす（金融緩和という。反対は金融引締め）と，貨幣供給量が増えるので，円が水膨れのような状態になり，円の価値が下がり，円安になる。②利子率を下げると，アメリカなどの外国の高い利子を求めて，円の人気が下がり，円安になる。③輸出を減らすと，外国は日本に円で支払わなくていいから，円の需要が減り，円安になる。反対に，輸入が増えると，日本がアメリカ等の輸入先の貨幣で支払わねばならないため，ドルなどの重要が増え（ドル高），円安になる。④非常に変だが，日本経済を弱くするような政治や国際状況をつくると，日本の信用が減り，円安になる。逆にアメ

リカなどが好評な状況もまた，円安となるのである。

注

1 ）「三面等価の原則」とは，生産面，分配面および支出面から見ても，国内総生産
GDP は同じ値になることを示している。また，「有効需要」とは，貨幣支出に裏
付けされた需要である。これは，単なる欲望ではなく，貨幣支出（購買力に裏付
けられた支出）をともなった欲望である。ケインズはこの有効需要は消費 C と投
資 I と政府支出 G と輸出 X マイナス輸入 M の和で定義し，総需要とも呼び，$Y=$
$C+I+G+X-M$ として表している。

2 ）　GNP（Gross National Product）は，「国民総生産」と呼ばれ，一般に最もよく
知られていたが，国連が加盟各国に導入を勧告した 1993 年の SNA（System of
National Accounts，国民経済計算）の使用により，現在はあまり使われなくなっ
た。一方，GDP（Gross Domestic Product）は，「国内総生産」と呼ばれ，現在は
GNP に代わってよく使用されている。これはすべての付加価値の合計である。
「付加価値」とは，総生産額から費用（原材料費，燃料費，減価償却費等）を差
し引いた差額のことである。それは生産されたものの価格が原材料等の価格より
高くなるのは，生産により価値が付加されたという意味で，使われている。GNP
は，グローバル化により，海外在住の日本人が増加し，また日本企業の海外支店
等の所得も含んでいる。それゆえ，GNP では日本の経済状態が見えにくくなって
いる。一方，GDP は国内で一定期間に生産されたモノやサービスの付加価値の合
計で示されているからである。さらに，GNI（Gross National Income）は，「国民
総所得」と呼ばれ，国民が一定期間に受け取った所得の合計である。

3 ）「GDP デフレーター」は経済全体の物価動向を示す指標である。物価の増減を
示すインフレやデフレは，このデータで明白になる。一般によく知られた消費者
物価指数等もこの 1 つだが，この消費者物価指数は消費者の購入する財やサービ
スだけの物価指数である。一方，GDP デフレーターは消費者だけではなく，政府
や企業等にとっての物価をも含む物価指数である。「名目 GDP」をこの GDP デ
フレーターで除すと，「実質 GDP」が得られる。名目ではインフレなどにより，
GDP も増大する。それゆえ，GDP が実質で増減したか否かを見るために，GDP
デフレーターが使用されている。

（1）　円高と国際マクロ金融論（マクロ的分析）

スタグフレーション（スタグネーション換言すれば不況とインフレーションという2つの英語の言葉の造語）→アメリカでスタグネーションを克服するために財政緩和（IS 曲線を右にシフト），またインフレーションを除去するために金融引締め（LM 曲線を左にシフト）が強力に行われた→アメリカで高金利→金利差を求め，ドル需要が増加しドル高となる→アメリカの輸出↓，輸入↑→アメリカの経常収支赤字→日米貿易摩擦→円高，言い換えるとドル安が要求される→世界一厳しい地形的制約のもとで，これまで内外価格差を徐々に縮小する努力をしていた日本農業の内外価格差が大幅に拡大→内外から日本農業・農政に対する批判が行われるようになった。

　この流れを理解するためには，国内均衡点を決める IS 曲線（実物市場の均衡線），LM 曲線（金融市場均衡線）と BP 曲線を説明する必要があろう。

＊IS 曲線の導出

　そこで，日本農業に大きな影響を持つ財政金融政策と，その結果より得られる国内均衡点の理論的説明を行うことにしよう。すなわち国内均衡点を得るには，実物市場の均衡線 IS 曲線と金融市場の均衡線 LM 曲線の導出が必要である。この点を示したのが第 10a 図である。第 10a 図の上図は IS 曲線の導出を示すものである。この第 2 象限の右上がりの曲線は投資は利子率が高くなれば減少するゆえ，この投資曲線に政府支出 G を加えたものも右上がりになることを示したものである。また同図の第 4 象限の貯蓄曲線は貯蓄 S に租税 T を加えたものを示し，貯蓄は所得 Y が増加するにつれて増大するゆえ，右下がりの曲線が得られたものである。第 3 象限はこの投資プラス政府支出と貯蓄プラス租税の均等を示したものである。これらの 3 つの曲線から，IS 曲線は第 1 象限に右下がりの曲線として，得られるのである。

付　録

■ 第10a図　*IS, LM* 曲線による国内均衡点の導出と財政・金融政策の効果

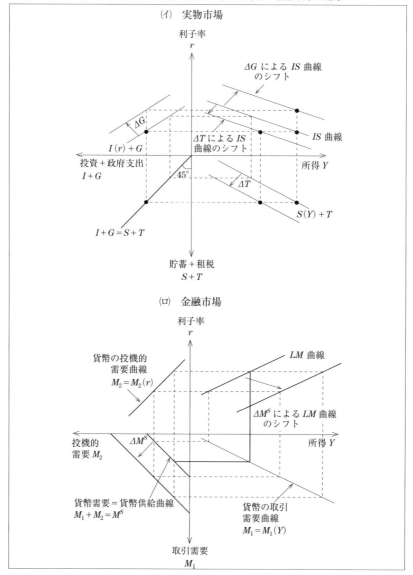

(イ)　実物市場

利子率
r

Δ*G* による *IS* 曲線
のシフト

Δ*G*

I (*r*) + *G*

Δ*T* による *IS*
曲線のシフト

IS 曲線

投資 + 政府支出
I + *G*

所得 *Y*

45°

Δ*T*

S (*Y*) + *T*

I + *G* = *S* + *T*

貯蓄 + 租税
S + *T*

(ロ)　金融市場

利子率
r

貨幣の投機的
需要曲線
$M_2 = M_2(r)$

LM 曲線

Δ*M^S* による *LM* 曲線
のシフト

投機的
需要 M_2

Δ*M^S*

所得 *Y*

貨幣需要 = 貨幣供給曲線
$M_1 + M_2 = M^S$

貨幣の取引
需要曲線
$M_1 = M_1(Y)$

取引需要
M_1

178

＊財政政策の効果

　続いて財政政策により，政府支出が増加した場合を考えてみよう。その結果は第2象限の投資曲線を政府支出の増分 ΔG の大きさだけ左側に平行移動させることになり，IS 曲線はそれにともなってに右にシフトする。逆に租税が増加した場合は第4象限の貯蓄曲線が租税の増加分だけ大きくなり，下方に平行移動し，IS 曲線はそれにともなって左にシフトすることになる。すなわち，財政政策により租税 T や政府支出 G を変化させることにより，実物市場の均衡線である IS 曲線を左右にシフトさせることができることがわかるのである。

＊LM 曲線の導出

　一方金融市場の均衡線 LM 曲線の導出は第10a図の下図で示されている。すなわち貨幣に対する需要として，取引需要 M_1 と投機的需要 M_2 があるが，第4象限に貨幣の取引需要 M_1 が所得の増加関数として描かれている。また第2象限には，貨幣の投機的需要 M_2 が，利子率の減少関数として描かれている。すなわち利子率が高くなれば，債券価格は低下（利子率と債券価格を乗じたものが一定ゆえ）し，将来の債券価格の値上がりを期待して，人々は債券を買うようになる。それゆえ，投機のために貯えているお金（投機的需要）は減少することになる。結局，利子率が高くなれば，投機的需要は減少することになり，右上がりの曲線が得られるのである。第3象限は貨幣の取引需要 M_1 と投機的需要 M_2 を加えたものが，貨幣の総需要に等しく，それが右辺の貨幣の総供給に等しくなることを示したものである。これらの第2,3,4象限の図より，第1象限に金融市場の均衡曲線である LM 曲線が右上がりの線として得られることになる。

＊金融政策の効果

　第10a図より貨幣の供給量 M^s を ΔM^s だけ増大させると，LM 曲線は右にシフトすることがわかる。それゆえ，金融政策の手段である公定歩合操作，窓口規制，公開市場操作や準備率の変更により貨幣供給量 M^s を増減させることにより LM 曲線を右や左にシフトさせることができるのである。それゆ

え財政政策や金融政策により，*IS*曲線や*LM*曲線をシフトさせ，それにより両者の交点を変化させ，利子率や所得を変化させ，ひいては円相場を変化させ，さらに農業への影響をも変化させることができるのである。

＊*BP*曲線の導出

続いて，国際収支均衡線である*BP*曲線を導出することにしよう。まず国際収支は経常収支に資本収支を加えたものである。一方，この経常収支は輸出Xから輸入Mを差し引いたものであり，さらにこの輸入は所得Yが増加するにつれ増大する。すなわち，

> 国際収支＝経常収支＋資本収支
>
> 経常収支＝輸出−輸入
>
> 輸入＝f（所得）

という関係になる。[1]これより，所得Yが増加すれば経常収支（$X-M$）は減少することになる。この点は第11a図の第4象限の曲線が右上がりになっていることと呼応しているのである。一方，資本収支はその国と外国との利子率の格差に依存するため，その国の利子率が高くなれば資本純流出（資本流出−資本流入）は少なくなり，結果として資本収支は黒字の方向へと進むことになる。この資本純流出と利子率との関係を示したのが第11a図の第2象限の右上がりの図である。また経常収支と資本純流出が等しくなれば国際収支は均等することになる。この点を示したのが第3象限の45度線である。これらの第2，3，4象限の線を結ぶことにより，第1象限に国際収支均衡線*BP*曲線（Balance of Payment 曲線）が右上がりの曲線として得られることになる。

＊円高と*BP*曲線

それでは，日本農業に大きな影響を与えている円高は*BP*曲線をどのように変化させるのであろうか。よく知られたように，円高になれば輸出は減少し，輸入は増大することになる。それゆえ経常収支（輸出−輸入）は減少し，第11a図の第4象限の経常収支曲線は上にシフトする。この新しく上にシフトした経常収支曲線と他の曲線から得られた*BP*曲線は，これまでの*BP*曲

▨ 第 11a 図　国際収支（BP）曲線の導出方法

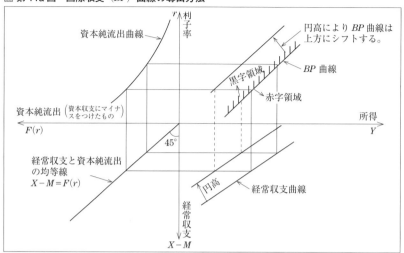

線より上にシフトしたものとなることがわかるのである。結局，円高は BP
曲線を上にシフトさせることがわかるであろう。

＊BP 曲線と黒字領域

　BP 曲線より上方は国際収支が黒字になる領域である。なぜならば，同第
11a 図の第 1 象限を見ればわかるように，BP 曲線より上方では，同じ所得
に対し利子率は均衡利子率よりも高く，それゆえ資本純流出量は減少し（外
国の利子率に比べ，日本の利子率が有利になるから），資本収支はプラス
（黒字）の方向へと働くことになる。したがって，経常収支と資本収支を加
えた国際収支も黒字となる。それゆえ，第 1-4 図で示したように，変動為替
相場制のもとで円高になれば，BP 曲線は上方にシフトし，国内市場の均衡
点である IS 曲線（実物市場曲線）と LM 曲線（金融市場曲線）の交点で交
わることになるのである。

（A）　［経常収支の理論］

＊アブソープション・アプローチ

　国民所得（Y）は消費（C），投資（I），政府支出（G）と輸出（X）マイ

ナス輸入（M）から構成されている。それゆえ数式で書けば $Y=C+I+G+X-M$ となる。ここで内需である $C+I+G$ を A と置くと，$X-M=Y-A$ となる。これより，経常収支 $X-M$ を縮小させるには内需 A を増加させればよいことがわかるのである。→内需拡大が叫ばれることになる。

**弾力性アプローチ*

$BC=X-M$ とし，$M=eX^*$ここで BC は経常収支であり，e は為替レート（1ドル＝何円，それゆえ，e が増加すると円安となる）である。また*は外国を示すものである（例えば X^* は外国の輸出を示す）。これより $BC=X-eX^*$ となる。円安になると輸出 X が増加し，輸入 M が減少するので，経常収支 BC は改善され，$d(BC)/de>0$ となる。すなわち $d(BC)/de=dX/de-X^*-e(dX^*/de)>0$ となる。両辺を X^* で割ると，$(1/X^*)(dX/de)-1-(e/X^*)(dX^*/de)>0$ となる。ここで輸出 X と輸入 M が均衡（$X=M$）していれば，$X=eX^*$ となるゆえ，$X^*=X/e$ となる。この $X^*=X/e$ という関係を，上式の第1項の X^* に代入すると，$(e/X)(dX/de)-1-(e/X^*)(dX^*/de)>0$ という関係が導出される。この式の第1項は輸出の価格弾力性であり，第3項は輸入の価格弾力性であり，この上式の関係はマーシャル＝ラーナー条件と呼ばれている。実証結果では，日本はこのマーシャル＝ラーナー条件を満たしているゆえ，円高になり，e が減少すると BC は下がり，経常収支は小さく（赤字と）なり，均衡に向かうといえるのである。

（B）　[為替レートの理論]

為替レートを説明する理論として，長期の説明には購買力平価説，マネタリー・アプローチ等があり，短期の説明としては利子率平価説，オーバーシューティング・モデル，ポートフォリオ・バランス・アプローチ等がある。

**購買力平価説*

この説は為替の長期的変動（ある意味ではトレンド的なもの）を説明する理論であり，為替レートは通貨の持つ購買力，いいかえると各国の一般物価水準の比率で決定されるというものである。それゆえ $e=P/P^*$ と書けるこ

とになる。あるいは為替レートの変動 $\Delta e / e$ は日本の物価上昇率 $\Delta P / P$ と外国の物価上昇率 $\Delta P^* / P^*$ との差により決定されるとするものであり，それゆえ $\Delta e / e = (\Delta P / P) - (\Delta P^* / P^*)$ と書けることになる。これは日本のインフレ率が高いと e が増加し，円安となることを示すものである。

＊マネタリー・アプローチ

　貨幣数量説 $MV = PQ$ より（ここで M は貨幣量，V は流通速度，P は物価，Q は所得）$P = MV / Q$ および $P^* = M^* V^* / Q^*$ となり，この関係を購買力平価説の P や P^* に代入し，V，Q および V^*，Q^* を一定と仮定すると，$\Delta e / e = (\Delta M / M) - (\Delta M^* / M^*)$ となる。これより，為替レートの変動 $\Delta e / e$ は日本の貨幣増加率 $\Delta M / M$ と外国の貨幣増加率 $\Delta M^* / M^*$ との差により決定され，日本の貨幣増加率が外国の貨幣増加率より高ければ e が増加し，円安となることを示すものである。

＊利子率平価説

　〈カバーされない利子率平価説〉：先物市場でドルを円に変えるということをしない（リスクをヘッジしない）やり方である。この利子率平価説は2国間の直物為替相場と先物為替相場との開き，ないしは期待された変化率 $[(e^* - e) / e]$ は両国間の金利水準の差 $(r - r^*)$ になるという説である（ここで e^* は期待為替レートである）。すなわち $(e^* - e) / e = r - r^*$ となる。

　〈カバーされた利子率平価説〉：先物市場でドルを円に変えておく（リスクをヘッジする）やり方である。r を利子率，e を直物為替レート，F を先物為替レートとすると，仮に $(1 + r^*) F > (1 + r) e$ の状態であれば，直物で円を売り，ドル建て資産に投資し，さらにドルを先物で売ることにより，利益を得るはずでる。それゆえ，$(1 + r^*) F = (1 + r) e$ が成立することになる。これを変形すれば $(F - e) / e = r - r^*$ となる。

＊オーバーシューティング・モデル

　オーバーシューティング・モデルは外国の為替と日本の為替は完全代替されると仮定する。この点は続いて説明されるポートフォリオ・バランス・アプローチが，外国の為替はリスクが大きいゆえ日本の為替とは不完全代替で

付　録

あると仮定しているのとは対照的な理論となっている。このモデルは次のように説明されるものである。まず内外の金利差を x とすると、$x = r - r^* = (e^* - e)/e$ となる。またこのオーバーシューティング・モデルは g を為替レートの均衡値、θ を調整速度、π を物価上昇率とすれば、次のような関係がある（内外の実質利子率の差は為替レートの均衡値と現実の為替レートとの差に比例する）とするものである。

すなわち $(r-\pi)-(r^*-\pi^*) = \theta\,(g-e)$ となり、この式を変形すると、$e = g + \{(r^*-\pi^*)-(r-\pi)\}/\theta$ となる。

これより、日本の実質金利 $(r-\pi)$ が外国の実質金利 $(r^*-\pi^*)$ より大きいと、e が減少し、円高となることがわかるのである。

*ポートフォリオ・バランス・アプローチ

ポートフォリオ・バランス・アプローチは上述のように、外国の為替はリスクが大きいゆえ日本の為替と不完全代替であると仮定するモデルである。すなわち、このポートフォリオ・バランス・アプローチはオーバーシューティング・モデルのように、外国の金利が日本の金利に等しいと仮定するのではなく、日本の金利にリスクプレミアム β を加えたものが外国の金利に等しくなるとするものである。それゆえ、$(r-\pi)-(r^*-\pi^*)+\beta = \theta\,(g-e)$ となり、この式を変形すると、$e = g + \{(r^*-\pi^*)-(r-\pi)\}/\theta - (\beta/\theta)$ となる。

ここで、リスクプレミアム β が大きいほど、外国為替を購買するようになり、資本収支は赤字となり、その結果として経常収支は黒字となる。これより日本の実質金利 $(r-\pi)$ が外国の実質金利 $(r^*-\pi^*)$ より大きいか、経常収支の黒字を表す β が大きくなると、e が減少し、円高となることがわかるのである。それゆえこのポートフォリオ・バランス・アプローチはオーバーシューティング・モデルのように金利差の影響のみを見るのではなく、経常収支の影響も考慮に入れている点がより優れた理論となっている。

第12a図はポートフォリオ・バランス・アプローチによる金融・財政政策と円高との関係を説明したものである（横軸の e は1ドル当たり何円という為替レートの対数値を示し、縦軸の r、r^* はこれまでの名目金利とは異なり、

184

▨ 第 12a 図　金融財政政策と円高

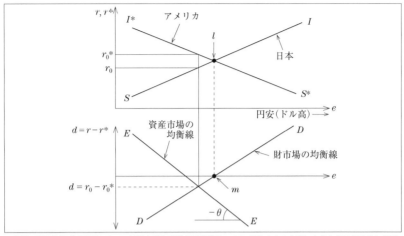

出所：深尾光洋『実践ゼミナール国際金融』東洋経済新報社，1990 年を本文の内容に合うように根本的に修正
　　　したものである。

日米両国の実質金利を示す[2)]ことに注意されたい）。上図の IS, I^*S^* は日米の
財市場の均衡線である。日本の IS は所得式 $Y = C + I + G + X - M = C + S + T$
（ここで S, T はそれぞれ貯蓄，租税マイナス移転支出を示す）より $X - M =$
$(S - I) + (T - G)$ となる。これより為替レート e が増加（円安）すれば経常
収支 $(X - M)$ は増加（黒字）する。それゆえ右辺が増加するためには，金
利 r が高くならなければならない（高金利は貯蓄 S マイナス投資 I を増加さ
せる）。結局，e の増加は金利 r の増大と対応するゆえ，右上がりの IS（ア
メリカの場合は右下がりの I^*S^*）曲線が得られることになる。下図の両国
の財市場の均衡線 DD 曲線は IS から I^*S^* を差し引いたものであり，両者の
交点 l は DD 曲線の m 点に対応するものである。

　一方，EE 曲線は資産市場の均衡式 $e = e' - (r - r^*) / \theta - \beta / \theta$ を図示した
ものである。ここで e' は e の長期的な均衡値の対数値，β はリスクプレミ
アムで累積経常収支やリスク許容度要因を含み，θ は調整期間の長さを示す
ものである。この式より e と r はマイナス関係にあることがわかる。それゆ
え，下図のような右下がりの資産市場の均衡線 EE 曲線が得られることにな

185

る。この第 12a 図より日本の財政緩和は DD 曲線を上にシフトさせ，交点を[3)]左に移す（円高）ようになる。また金融の国際化は調整期間を短くするため，θ を小さくさせ，EE 曲線の傾き（$-\theta$）を緩くさせることになる。これも円高要因となる。また日本の経常収支の黒字（アメリカの赤字）は β を増加させ，EE 曲線を左にシフトさせるため，これまた円高要因となる。以上により，日本の財政緩和，金融の国際化や経常収支の黒字はすべて円高要因になることを，理論的に示すことができたのである。

（2）　消費者と労働者の主体均衡理論（ミクロ的分析）

＊消費者家計の主体均衡理論

　一般の消費者理論は財 1（x 軸）と財 2（y 軸）との間の無差別曲線を用いて分析を行っている。そして無差別曲線の傾きを限界代替率と呼び，それが予算線の傾きである価格比（財 1 の価格/財 2 の価格）に等しいときに効用が極大になることが知られている。しかし，ここでは最終目標である農家の理論（中嶋千尋『農家の主体均衡論』富民協会，1983 年 3 月）を示すために，中嶋千尋に従い，一般の消費者理論とは異なるものを示すことにする。すなわち財 1（x 軸）と財 2（y 軸）との間の無差別曲線ではなくて，財 1（x 軸）と貨幣 M（y 軸）との間の無差別曲線を用いて消費者の主体均衡分析を行うのである。この無差別曲線の傾きは財 1 の限界評価と呼ばれ，その予算線の傾きである財 1 の価格に等しいときに効用が極大となり，消費者の主体均衡が成り立つことになるのである（第 13a 図）。

＊労働者家計の主体均衡理論

　労働者家計の場合は x 軸に家族労働量 A をとり，y 軸に貨幣 M をとる。また x 軸の最大を家族労働量の生理的上限 A^* とし，それから労働量を差し引くと余暇（通常にいう余暇とともに，睡眠等労働時間以外のものの合計をいう）となる。余暇は不効用を持つ労働とは異なり効用を持つ。それゆえ，第 14a 図で示したような通常の無差別曲線とは異なる形をした余暇と貨幣の無差別曲線を描くことができる。この余暇と貨幣の無差別曲線の傾きは労働

▨ 第13a 図　消費者家計の主体均衡

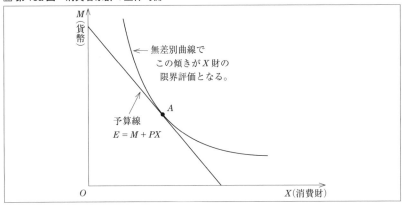

▨ 第14a 図　労働者家計の主体均衡

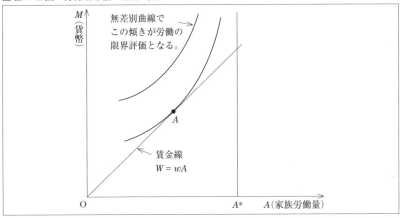

の限界評価と呼ばれ，この傾きが賃金線の傾きである名目賃金率に等しいときに労働者家計の主体均衡が成立することになる。

（3）　生産者と農家の主体均衡理論（ミクロ的分析）

＊生産者の主体均衡理論

　生産者ないしは資本家の主体均衡は，よく知られているように，利潤極大

▨ 第15a図　生産者（企業ないしは資本家）の主体均衡

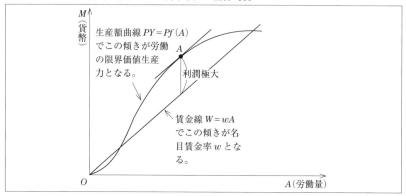

▨ 第16a図　農家の主体均衡

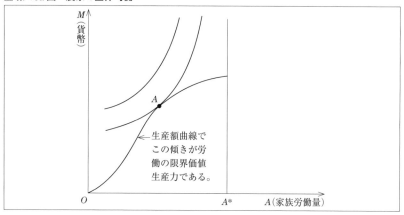

条件より労働の限界価値生産力（労働の限界生産力）は名目賃金率（実質賃金率）に等しく，また資本の限界価値生産力（資本の限界生産力）は名目利子率（実質利子率）に等しいときに成立するのである（第15a図）。

＊農家の主体均衡理論

　農家の主体均衡は労働者の主体均衡に似ているが，農業者が労働者であり，かつ資本家でもあるという点より，労働者の主体均衡に資本家の主体均衡を混合させたような形となっている。すなわち第16a図に示したように，農家

第 17a 図　兼業農家の主体均衡

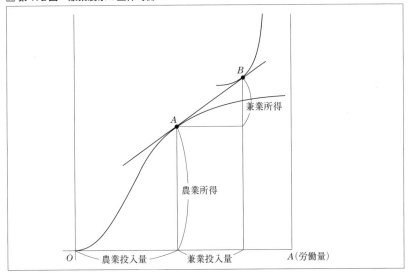

の主体均衡は労働の限界価値生産力が労働の限界評価に等しい点で主体均衡が成立することになる。ところで，この第 16a 図は専業農家の図であるが，兼業農家は第 17a 図で，また雇用農家の場合には第 9-3 図のようになるのである。

第3部　主要図表の最近の数値

（1）　輸入自由化と日本農業の停滞

　この第3部では，本文の図表の数値から，特に激変し，最近の状態，数値が是非必要な図表の数値を集めた。ここでは付図1（第2-1図の最近値）のみを図示したが，その他の図表はすべて，表にして，最近数年の数値を示している。この表では，本文の図表の最終年の数値が非常に異なる場合，激増の際は⇧，激減は⇩，少し増加は↑，少し減少は↓で表し，一目瞭然で理解できるようにした。そこで，ここで示した，最近の数値を示した図表は，付図1と付表1の農業および非農業生産量の対前年成長率，付表2（第3-3表の最近値）果実と肉類の輸入量，付表3（第3-4表の最近値）牛肉・オレンジ等の生産および輸入量，付表4（第5-2図の最近値）農産物消費の動向（1人1年当たり供給純食料），付表5（第5-3図の上図の最近値）主要先進国における農産物カロリー自給率，付表6（第5-3図の下図の最近値）日本の品目別自給率，付表7（第6-1図の最近値）総農家数および専兼別農家数の推移，付表8（第6-2図の最近値）経営耕地規模別農家の推移の1つの図と8つの表の合計9つとなった（資料は初版の図表と同じ資料から収集）。

　これらの表により，第1に，最近の農業，非農業生産量および両部門の価格のかなり大きい減少（付図1と付表1）が見られる。例えば，農業生産量では，1990年以降2017年までの各10年間（2010年代は7年間）に，−0.536，−0.716，−0.953％と生産量の減少時代が続いている。同様に，非農業生産量も，2001年以降2017年までの，各10年間に，−0.727，−0.997％へと減少した。農業および非農業価格もかなりのマイナス成長であった。また第2に，牛肉・オレンジの自由化で大問題であったことは付表2（ここで注のH31は，平成31年を意味する）で見られる。輸入量が牛肉，豚肉，鶏肉では激増し，逆にオレンジを含む柑橘類の輸入量は減少し，好対照となっていることがわかる。すなわち，2014年の温州みかんの生産量は87万トン

▨ 付図 1　（第 2-1 図の最近値）農業および非農業生産量の対前年成長率

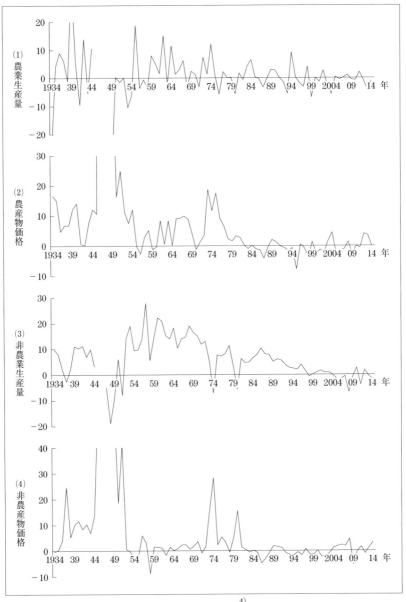

出所：松尾隆策の資料収集による，衣笠（2017）作成の図[4]より引用。

付　　録

▨ 付表1（第2-1図の最近値）　各10年間の農業・非農業平均成長率

（％）

	農業生産量	農産物価格	非農業生産量	非農産物価格
1970～1980	0.933	7.518	5.497	7.522
1980～1990	1.360	− 0.167	6.698	− 0.459
1990～2000	− 0.536	− 1.625	2.241	− 0.747
2000～2010	− 0.716	− 0.419	− 0.723	0.102
2010～2017	− 0.952	1.380	− 0.997	− 0.097

▨ 付表2（第3-3表の最近値）　果実と肉類の輸入量

（万 t）

暦年	1990（H2)年	2017	2018	2019
バナナ	75.8	98.6	100.3	104.6⇧
グレープ・フルーツ	15.7	7.8	7.2	6.4⇩
オレンジ	14.5	9.1	8.2	8.8⇩
パインアップル	12.8	15.7	15.9	15.3↑
レモンおよびライム	10.4	5.3	5.5	5.6⇩
キウイフルーツ	5.9	9.3	10.6	10.6⇧
くり	2.9	0.7	0.6	0.6↓
スイートアーモンド	2.1	3.3	3.6	3.6↑
ブドウ（生鮮のもの）	1.2	3.1	3.7	4.7⇧
プルーン	1.1	0.6	0.6	0.6↓
牛　肉	54.9	75.2	81.7	88.6⇧
豚　肉	48.8	129.0	135.7	134.5⇩
鶏　肉	29.7	84.2	90.5	91.4⇧

注：2019年（H31年）は速報。

▨ 付表3（第3-4表の最近値）　牛肉・オレンジ等の生産および輸入量

（万 t）

	牛肉			柑橘			自給率（％）
年度	輸入	生産量	自給率	輸入		生産量	=(3)/((1)+(2)+(3))
				(1)オレンジ	(2)グレープフルーツ	(3)温州みかん	
2016	75.2	46.3	38.1	9.9	7.9	80.5	81.9
2017	81.7	47.1	36.6	9.1	7.3	74.1	81.9
2018	88.6⇧	47.6↓	34.9⇩	8.1↓	7.2⇩	77.4⇩	83.5

注：2016年はH28年。2018年は速報。

▨ 付表 4（第 5-2 図の最近値）　農産物消費の動向（1 人 1 年当たり供給純食料）

(kg)

年度	2012	2013	2014	2015	2016	2017	2018
野菜	93.4	91.6	92.1	90.4	88.6	90.9	89.9↓
穀類	90.5	91	89.8	88.8	88.9	88.8	87.9↓
米	56.2	56.8	55.5	54.6	54.4	54.2	53.8⇩
小麦	32.9	32.7	32.8	32.8	32.9	33.1	32.4
いも類	20.4	19.6	18.9	19.5	19.5	20.5	20.5
豆類	8.1	8.2	8.2	8.5	8.5	8.6	8.8↓
牛乳・乳製品	89.4	88.9	89.5	91.1	91.3	93.5	95.7⇧
果実	38.2	36.8	35.9	34.9	34.4	34.2	35.6
魚介類	28.8	27.4	26.5	25.7	24.8	24.4	23.9⇩
肉類	30	30	30.1	30.7	31.6	32.7	33.5⇧
砂糖類	18.8	19	18.5	18.5	18.6	18.3	18.2↓
鶏卵	16.6	16.8	16.7	16.9	16.9	17.3	17.5
油脂類	13.6	13.6	14.1	14.2	14.2	14.5	14.2

注：2012 年は H24 年。2018 年は速報。

▨ 付表 5（第 5-3 図の上図の最近値）　主要先進国における農産物カロリー
自給率と日本の品目別自給率

(%)

	アメリカ	ドイツ	フランス	イタリア	オランダ	イギリス	スイス	日本
2011	127	92	129	61	66	72	56	39
2012	126	96	134	61	68	67	55	39
2013	130	95	127	60⇩	69⇩	63⇩	50↓	39⇩

注：2011 年は H23 年。スイスの 2014 年〜16 年は 55, 51, 48%。日本の 2014〜18 年は
39, 39, 38, 38, 37%，他国はなし。

▨ 付表 6（第 5-3 図の下図の最近値）　日本の品目別自給率

(%)

	米	鶏卵	野菜	牛乳・乳製品	肉類	果実	砂糖類	小麦	豆類	大豆
2016	97	97	80	62	53	41	28	12	8	7
2017	96	96	79	60	52	40	32	14	9	7
2018	97	96	77⇩	59⇩	51⇩	38⇩	34	12	7	6

注：2016 は H28 年。ただし，2018 年は速報。

付表 7（第 6-1 図の最近値）　総農家数および専兼別農家数の推移

総農家数最新データ

年	都府県農家数	北海道農家戸数
2010	158 万 7156	4 万 4050
2015	129 万 1505⇩	3 万 8086

専兼別農家数

年	戸数／構成比	専業農家	第 1 種兼業農家	第 2 種兼業農家
2018	戸数（万戸）	37.5 万	18.2	60.8
	構成比（％）	32.2	15.6	52.2
2019	戸数（万戸）	36.8	17.7	58
	構成比（％）	32.6⇧	15.7↓	51.3⇩

注：2010 年は H22 年。構成比は，販売農家数に占める割合である。

付表 8（第 6-2 図の最近値）　経営耕地規模別農家の推移

	都府県	0.5 ha 未満	0.5-1.0 ha	1.0-2.0 ha	2.0-3.0 ha	3.0-5.0 ha	5.0 ha 以上
2010 年	農家数	34 万 3312	55 万 3350	41 万 2787	13 万 4316	8 万 5668	5 万 7723
	％	21.6	34.9	26.0	8.5	5.4	3.6
	北海道	2.0 ha 未満	2.0-3.0 ha	3.0-5.0 ha	5.0-10.0 ha	10.0 ha 以上	
	農家数	6,008	1,961	3,409	6,527	2 万 6145	
	％	13.6	4.5	7.7	14.8	59.4	
2015 年	都府県	0.5 ha 未満	0.5-1.0 ha	1.0-2.0 ha	2.0-3.0 ha	3.0-5.0 ha	5.0 ha 以上
	農家数	27 万 7103	43 万 3083	32 万 9339	11 万 3105	7 万 6964	6 万 1911
	％	21.5⇩	33.5 ↑	25.5 ↑	8.8	6.0 ↑	4.8 ↑
	北海道	2.0 ha 未満	2.0-3.0 ha	3.0-5.0 ha	5.0-10.0 ha	10.0 ha 以上	
	農家数	4,802	1,517	2,686	5,097	2 万 3984	
	％	12.6⇩	4.0 ↓	7.1⇩	13.4⇩	63.0⇧	

注：2010 年は H22 年。

強，一方，その他の柑橘類，例えば，はっさくやネーブル以外の新柑橘の，
いよかん，ポンカン，清美等の生産量は，2013（平成25）年で34万トンへ
と増加している。すなわち，その他柑橘類が大きく伸び，輸入を抑えている。
オレンジの自由化で，最初はグレープフルーツとオレンジは温州みかんを席
巻し，その後柑橘類が反撃し，輸入は大きく減少した（付表3を参照）。特
に，愛媛県は静岡県や和歌山県を抜き去り，温州みかんの生産量は日本一で
あった。

　しかし，最近は和歌山県が日本一となり，愛媛県は2位に位置づけされて
いる。このように，温州みかんでは2位になったが，他の柑橘類では，とび
ぬけて多く，温州ミカンを含む柑橘類合計では，和歌山を超え，日本一の生
産量を誇っている。これらの努力で，オレンジ，グレープフルーツの攻勢を
凌いできたのであった。しかし，牛肉に関しては和牛の人気は相変わらずで
あるが，通常牛肉は安価な外国牛に対抗できず，外国牛肉の輸入攻勢により
牛肉自体の自給率は大幅に減少した。この点は自給率の低下が比較的少ない，
オレンジの自由化とは，対照的な結果となっている。これは，付表3で牛肉
の輸入が大きく増加し，逆に自給率が激減した数値で明白である。また温州
みかんの生産量の激減が見られるであろう。温州みかんは，飛ぶ鳥を射落と
す勢いで，最盛期には，366.5万トンの過剰生産であったが，現在は最盛期
の実に5分の1に近い，77.4万トンへと激減しているのである。

（2）　農産物の消費と食料自給率

　付表4では，農産物消費で，激増したのは肉類，牛乳・乳製品であり，逆
に魚介類は激減となっている。戦前から日本の魚介類の漁獲高は世界一の水
揚げ量を持っていた。また消費も多かった。それが現在では肉類の消費がと
ってかわり，魚介類の消費は減少した。魚介類は不飽和脂肪酸，なかでも，
魚のアブラには中性脂肪を下げる効果のある「オメガ3系の多価不飽和脂肪
酸（EPAおよびDHAなど）」と呼ばれるものが含まれている。一方の肉類
のアブラは「飽和脂肪酸」が多く，大量に摂ると，悪玉コレステロールが多

くなる。それゆえ，魚介類の減少と肉類の増加は，日本人の健康という点に大きな気がかりとなっている。またよく知られたように，穀類は減少しているが，特に米は70 kgだったのが，54 kg弱へと激減していることがわかる。これは米から肉類へ代替されていることがわかるであろう。

　続いて，付表5の各国の食料自給率では，アメリカ，フランスが，相変わらず，130％程度の自給率で，世界への輸出国になっていることがわかる。またドイツも95％と，100％以上か，ほぼ100％の自給を行っている。一方，日本は昭和末期で50％程度だったのが，2018（平成30）年では，37％へと主要先進国中最低の自給率へと減少している。またイタリア，オランダやイギリスも少し減少しているが，いまだ60％の水準を維持している。アメリカはTPPを脱退し，強引なトランプ大統領の下で，最大の愚策，種子法廃止に追いやられた安倍首相では，自給率は益々減少するであろう。第9章で既述したように，政府は種子法の廃止ということを行った。アメリカのモンサルト社は，遺伝子組み換え農産物とラウンドアップのコンビにより，インドとアルゼンチンの2国に引き続き，第3番目の国に，日本農業を崩壊させようとしている[5]。

　さらに，付表6の下図の品目別自給率では，昭和末期には100％程度あった野菜が，現在では77％と大きく減少し，75％もあった果実も38％へと半減している。また付表7の総農家数は，明治，大正，昭和と，500〜600万戸近くあったが，現在では130万戸へと，約4分の1へと減少している。一方，専業農家は昭和60（1985）年には15％だったのが，32.6％へと増加し，第2種兼業は68％だったのが，51.3％へと減少している。それにともない，付表8では，都府県では，0.5ha未満の農家が，1985年には40％だったのが，21.5％へと激減し，0.5-2ha，3ha以上が増加した。また北海道では，10ha以下は減少し，10ha以上に集中（1985年には30％だったのが，63％へと増加），移行していることが理解できるのである。以上のように，日本農業は国際化のもと，益々大変な状況となり，激変していることが，最近のデータから明白になっている。

注

1 ）　日本の国際収支統計が，2014 年 1 月から金融収支（国際収支でなく）として発表されるようになった。そして，金融収支＝経常収支＋資本移転等収支＋誤差脱漏となり，資本収支の一部だった「資本移転等収支」が大項目となった。これは国際収支が損益方式でなく，収支方式であったことによる。すなわち，国際収支統計は財務諸表論でいう損益計算書でないので，経常収支赤字は損失ではない。それゆえ，国際収支も黒字は損益勘定という概念と相容れず，黒字は過剰の意味でしかないゆえ，変更されたという。しかし，資本移転等収支は資本収支の一部であり，ここでは資本収支の概念を使用している。

2 ）　ポートフォリオ・バランス・アプローチ，特に DD 曲線や EE 曲線については深尾光洋『実践ゼミナール国際金融』東洋経済新報社，1990 年 11 月の第 6 章等を参照。ただし第 12a 図は深尾の図と一見まったく同じように見えるが，根本的に異なっている点に注意されたい。

3 ）　$X-M=(S-I)+(T-G)$ より，財政緩和により $G\uparrow$ すれば $(S-I)$ が $\uparrow$ しなければならない（左辺の $X-M$ は一定）。そのためには r が $\uparrow$ しなければならないゆえ，DD 曲線は上にシフトする。

4 ）　衣笠智子「農業政策」柳川隆・永合秀英『セオリー＆プラクティス経済政策』有斐閣，2017 年 3 月，162-163 ページより引用。

5 ）　これまでから，モンサントの除草剤ラウンドアップの安全性をめぐって，各国の農業団体や農家が懸念を持ち，反対運動が強まっていた。EU 欧州委員会は，発癌性を考慮して，除草剤グリホサートの使用許可を通常の期間（5〜7 年）より短い期間とする提案を行った。また，環境保護団体は癌性だけでなく自閉症との因果関係が疑われる悪名高いグリホセートの禁止を求めており，130 万人以上の人々の署名を集めている。EU 参加国の中で最も多いグリホサート消費国の一つであるフランス政府が除草剤を段階的に廃止する意向で，イタリア，オーストリアとともに，グリホサートの使用許可を 10 年間に更新することに反対している。グリホサートは，発癌性や幼少時の植物を経由した摂取が急増する自閉症の原因であるとした批判が高まった。モンサント社の看板商品となっている除草剤ラウンドアップで使用されているグリホサートへの批判は，世界保健機関（WHO）の国際癌研究機関が「発癌性の疑いが濃い」と結論づけた 2015 年の研究から急速に高まった。

　　また，モンサントの世界戦略が安全性の危険性ばかりではなく，農家から種子と肥料，除草剤の選択を奪いとる悪質な商法への批判は強まる一方で，今後の政

治を巻き込んだ法廷闘争に発展する可能性が高い。無知から，日本への影響がないと軽くみなされ，TPPで半ば強制的に導入は避けられなくなっている。一方で国民の健康食品，オーガニック食品への関心は高まりつつある。発癌性の危険性が否定できない除草剤が使用されている食品を避けたいと誰でも思うだろうが，使用が広まれば避けられなくなることが問題なのである。さらに，サンフランシスコ陪審は，モンサントのラウンドアップ除草剤が末期癌をもたらしたとして訴えていた，元俳優で学校の整地作業職員のドエイン・ジョンソン氏に2億8900万ドルの損害賠償を命じた。判決（補償的損害賠償額4000万ドルと懲罰的損害賠償額2億5000万ドル）はジョンソン氏のリンパ系の癌が，グリホサート除草剤によって引き起こされたことが認められたことになる。以上は，（https://www.trendswatcher.net/032018/geoplitics/）等による。

参 考 文 献

<第1章>

宇沢弘文「自由化命題と農業問題」『農業と経済』臨時増刊号，第55巻・第5号，
1989年4月。

経済企画庁編著『経済白書』平成元年版，大蔵省印刷局，1989年8月。

21世紀会編『日本農業を正しく理解するための本』農林統計協会，1987年11月。

日本経済新聞社編『ゼミナール　日本経済入門』日本経済新聞社，1989年4月。

野尻武敏『転換の時代と生協運動』灘神戸生協人材開発部，1988年2月。

真弓定夫「健康にとって農業とは何か」『農業と経済』第55巻・第8号，1989年7月。

山口三十四「農産物自由化と日本農業の生きる道」『農業と経済』第54巻・第5号，
1988年5月。

――「わが国人口と農業に関する政策的考察」『柏祐賢著作集』完成記念出版会編
『現代農学論集』日本経済評論社，1988年11月。

――「日本経済の構造再編と農業」山本修編『日本農業の課題と展望』家の光協会，
1990年4月。

<第2章>

朝日新聞社編『朝日現代用語　知恵蔵』朝日新聞社，1994年1月。

農業と経済編集委員会（小委員：荒木幹雄，祖田修，山口三十四）・富民協会編『図
でみる昭和農業史』富民協会，1989年12月。

<第3章>

石倉皓哉『農産物自由化の総点検』富民協会，1988年12月。

荏開津典生『農政の論理をただす』農林統計協会，1987年7月。

大前研一「第3次農地解放のすすめ」『文芸春秋』1986年8月。

岡本末三「日本農業は果して過保護か」『農林統計調査』第33巻・第12号，1983年
11月。

協同組合経営研究所編『検証！農業批判を正す』全国農協中央会，1987年6月。

祖田修「農業保護と貿易摩擦」『農業経済研究』第63巻・第3号，1991年12月。

中川聰七郎「生産性向上で農業再建を」日本経済新聞の経済教室の1987年7月9日。

199

参考文献

中嶋千尋『私の「土地」政策「コメ」政策』中央公論社，1987 年 10 月。

速水佑次郎『農業経済論』岩波書店，1986 年 1 月。

藤谷築次「農業保護論の新たな視角」『農業と経済』第 49 巻・第 1 号，1983 年 1 月。

――「農業の活性化と農政の基本課題」『農業と経済』第 53 巻・第 12 号，1987 年 12 月。

本間正義「農業保護水準引き下げよ」日本経済新聞の経済教室の昭和 62 年 6 月 12 日。

増井和夫「牛たちを大地にもどせ――粗飼料大国日本の選択」農政ジャーナリストの
　　　会編『牛肉自由化と今後の展望』農林統計協会，1988 年 10 月。

山口三十四「産業構造政策の経済理論」頼平編『農業政策の基礎理論』家の光協会，
　　　1987 年 11 月。

――「前掲論文」『農業と経済』第 54 巻・第 5 号，1988 年 5 月。

――「前掲論文」『柏祐賢著作集』完成記念出版会編『現代農学論集』日本経済評論
　　　社，1988 年 11 月。

――「農産物自由化における牛肉・オレンジの位置付け」『農業と経済』臨時増刊号，
　　　第 58 巻・第 14 号，1992 年 12 月。

――「米問題の背景と本質」祖田修・堀口健治・山口三十四編著『国際農業紛争』講
　　　談社，1993 年 3 月。

＜第 4 章＞

中嶋千尋『農家の主体均衡論』富民協会，1983 年 3 月。

山口三十四『日本経済の成長会計分析――人口・農業・経済発展』有斐閣，1982 年
　　　11 月。

――「前掲論文」頼平編『農業政策の基礎理論』家の光協会，1987 年 11 月。

――「前掲論文」山本修編『日本農業の課題と展望』家の光協会，1990 年 4 月。

――「日本経済の構造変化と農業」『農業と経済』第 56 巻・第 7 号，1990 年 6 月。

＜第 5 章＞

農業と経済編集委員会・富民協会編『前掲書』富民協会，1989 年 12 月。

速水佑次郎『農業経済論』岩波書店，1986 年 1 月，第 6 章。

＜第 6 章＞

農業と経済編集委員会・富民協会編『前掲書』富民協会，1989 年 12 月。

＜第 7 章＞

今村奈良臣・両角和夫『農業保護の理念と現実』農山漁村文化協会，1989 年 5 月。

経済企画庁編著『前掲書』平成元年版，大蔵省印刷局，1989 年 8 月。

日本経済新聞社編『前掲書』日本経済新聞社，1989 年 4 月。

山口三十四「財政・金融構造の変化と農業」『農業と経済』第 56 巻・第 9 号，1990 年 8 月。

<第 8 章>

荏開津典生『前掲書』農林統計協会，1987 年 7 月。

叶芳和『農業・先進国型産業論』日本経済新聞社，1982 年 7 月。

小池恒男「自治体農政の役割と課題」藤谷築次編『農業政策の課題と方向』1988 年 6 月。

小島清「農業保護主義とコメ自由化」『世界経済評論』第 35 巻・第 6 号，1991 年 6 月。

武部隆「農業構造政策の課題と展開方向」藤谷築次編『前掲書』家の光協会，1988 年 6 月。

中嶋千尋『私の「土地」政策「コメ」政策』中央公論社，1987 年 10 月。

灘泰宏・宮部和幸「農業生産再編の新しい動向と課題」山本修編『前掲書』1990 年 4 月。

21 世紀会編『前掲書』農林統計協会，1987 年 11 月。

農業と経済編集委員会・富民協会編『前掲書』富民協会，1989 年 12 月。

速水佑次郎『前掲書』岩波書店，1986 年 1 月。

深尾光洋『実践ゼミナール国際金融』東洋経済新報社，1990 年 11 月。

藤谷築次「前掲論文」『農業と経済』第 49 巻・第 1 号，1983 年 1 月。

――「新しい農政理論と農業政策の展開条件」藤谷築次編『前掲書』家の光協会，1988 年 6 月の結章。

――「農業政策の役割と今日的課題」藤谷築次編『前掲書』家の光協会，1988 年 6 月。

――「新しい農政理念と日本農業の進路」藤谷築次編『前掲書』家の光協会，1988 年 6 月。

山口三十四『前掲書』有斐閣，1982 年 11 月。

――「前掲論文」『農業と経済』第 54 巻・第 5 号，1988 年 5 月。

――「前掲論文」山本修編『前掲書』家の光協会，1990 年 4 月。

――「前掲論文」『農業と経済』第 56 巻・第 9 号，1990 年 8 月。

――「持続可能な農業および経済発展――人口と自然の共存する発展」『国民経済雑誌』第 163 巻・第 3 号，1991 年 3 月。

――「農政論の課題と展望」頼平編『国際化時代の農業経済学』富民協会，1992 年 3 月。

参 考 文 献

──『産業構造の変化と農業──人口と農業と経済発展』有斐閣，1994 年 5 月。

Y. Hayami, *Japanese Agriculture under Siege*, Macmillan Press, 1988。

＜第 9 章＞

上谷田卓「日米貿易協定及び日米デジタル貿易協定の概要」『立法と調査』2019 年 11 月。

小泉祐一郎『世界一わかりやすい「TPP」の授業』中経出版，2012 年。

久野秀二「主要農作物種子法廃止の経緯と問題点──公的種子事業の役割を改めて考える」『京都大学大学院経済学研究科ディスカッションペーパーシリーズ』No. J-17-001，2017 年 4 月。

──「主要農作物種子法廃止で露呈したアベノミクス農政の本質」全農林労働組合『農村と都市をむすぶ』NO. 788，2017 年 6 月号。

月刊三橋事務局（経営科学出版社，support@keieikagakupub.com，2 月 26 日，3 月 4 日。

鈴木宣弘・木下順子『よくわかる TPP48 のまちがい』農山漁村文化協会，2011 年 12 月。

田代洋一編『TPP 問題の新局面』大月書店，2012 年。

中嶋千尋『前掲書』富民協会，1983 年 3 月。

農山漁村文化協会編『種子法廃止でどうなる？』農山漁村文化協会，2017 年 12 月。

服部信司「TPP──アメリカの対アジア戦略」『TPP 反対の大義』農山漁村文化協会編，2010 年 12 月。

三橋貴明『日本を破壊する種子法廃止とグローバリズム』彩図社，2018 年。

安田美絵『サルでもわかる TPP』合同出版，2012 年。

外務省 HP（https://www.mofa.go.jp/mofaj/files/000402972.pdf）日米共同声明 2018 年 9 月 26 日。

──（https://www.mofa.go.jp/mofaj/files/000520820.pdf）日米共同声明 2019 年 9 月 25 日。

農水省 HP（https://www.cas.go.jp/jp/tpp/ffr/pdf/20191118_TPP_setsumeikai_shiryo.pdf）日米貿易協定（概要）。

内閣官房 HP（http://www.cas.go.jp/jp/tpp/ffr/pdf/191029_TPP_bunseki.pdf）日米貿易協定の経済効果分析。

索　引

■著者紹介

山口三十四（やまぐち みとし）
神戸大学名誉教授

衣笠　智子（きぬがさ ともこ）
神戸大学大学院経済学研究科教授

中川　雅嗣（なかがわ まさつぐ）
帝塚山大学経済経営学部准教授

新しい農業経済論〔新版〕
マクロ・ミクロ経済学とその応用

*New Analysis of Japanese Agricultural Economic Policy:
Macro and Microeconomics and Their Application. 2nd ed.*
〈有斐閣ブックス〉

1994 年 6 月 20 日	初版第 1 刷発行
2020 年 9 月 20 日	新版第 1 刷発行

		山　口　三十四
著　者	衣　笠　智　子
	中　川　雅　嗣
発 行 者	江　草　貞　治
発 行 所	株式会社 有　斐　閣

郵便番号 101-0051
東京都千代田区神田神保町 2-17
電話　(03)3264-1315〔編集〕
　　　(03)3265-6811〔営業〕
http://www.yuhikaku.co.jp/

印刷　大日本法令印刷株式会社
製本　大口製本印刷株式会社